Tiempo Libre

Cámara de Vídeo

David Botello

LIBSA

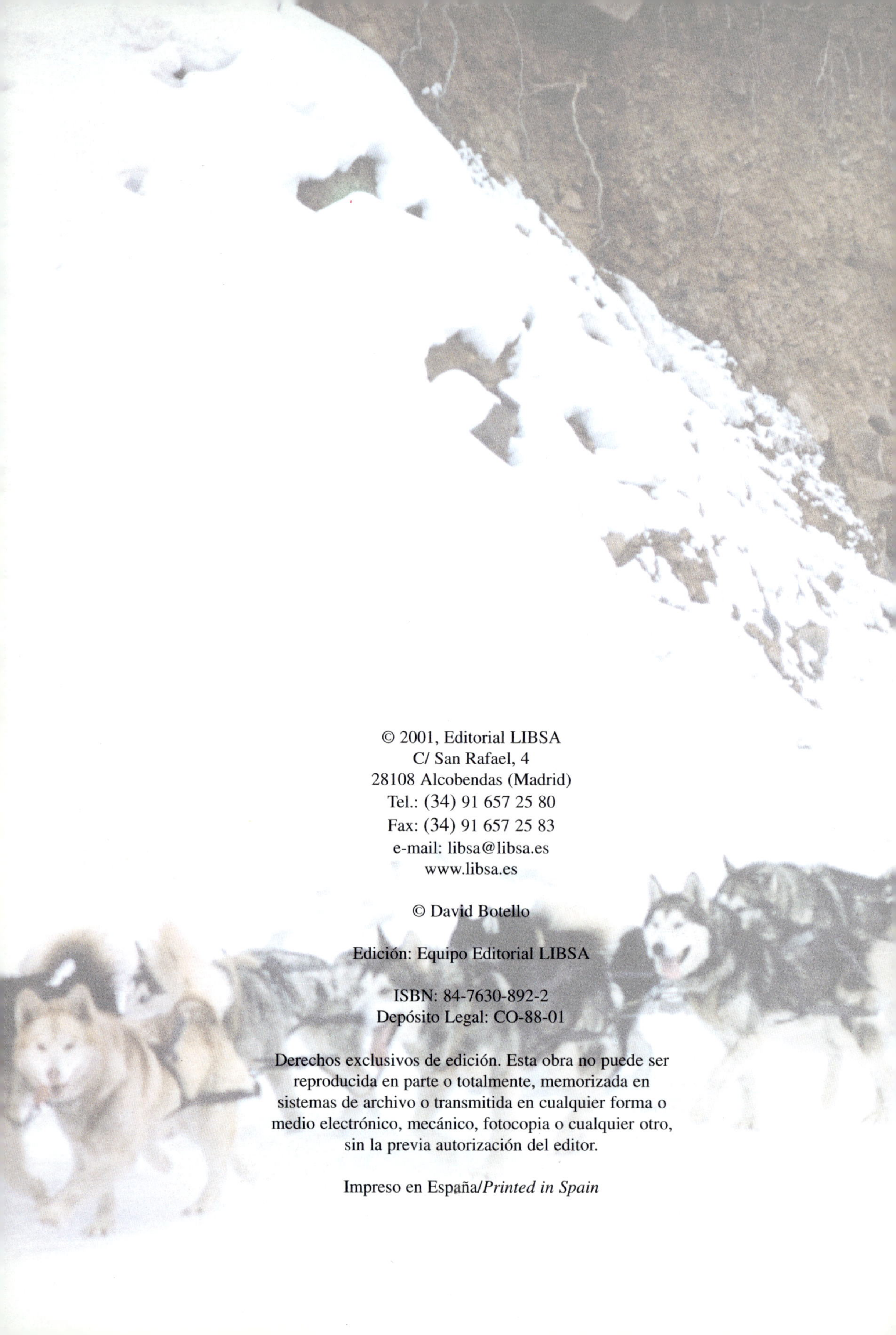

© 2001, Editorial LIBSA
C/ San Rafael, 4
28108 Alcobendas (Madrid)
Tel.: (34) 91 657 25 80
Fax: (34) 91 657 25 83
e-mail: libsa@libsa.es
www.libsa.es

Edición: Equipo Editorial LIBSA

ISBN: 84-7630-892-2
Depósito Legal: CO-88-01

Impreso en España/*Printed in Spain*

Contenido

CONTENIDO

Introducción

¿Quién no ha pasado alguna vez por la maravillosa experiencia de tener que aguantar las charlas del viaje a Cuba de algún pariente que, además, ilustra sus vacaciones con un vídeo de dos horas y media insoportables, lleno de imágenes desenfocadas, movidas y sin gracia, principio ni final?

¿Quién no ha visto alguna vez a un videoaficionado paseando por una zona monumental con la cámara encendida y enfocando a todas partes sin dejar de grabar? (¡Dios libre a sus amigos del estreno de semejante obra maestra de los documentales de viaje!)

¿Quién no ha visto a los suyos «decapitados» en el vídeo de recuerdo de alguna cena de antiguos alumnos que ha grabado un compañero de promoción?

¿Quién no ha tenido que pasar una tarde entera viendo la apasionante vida del hijo pequeño del vecino de al lado, que tiene cuatro meses de vida y más de cuarenta horas de imágenes demostrando sus «precocidades», es decir, durmiendo, haciendo pompitas, llorando...).

¿No es mejor conocer las posibilidades que da una cámara de vídeo para poder hacer las cosas «igual que en la tele»? Porque en la tele las cosas se ven muy bonitas, muy fáciles, pero luego cogemos la cámara y parece que no es lo mismo...

Pues éste es, ni más ni menos, el objetivo del libro que tiene en sus manos: enseñar una serie de trucos para utilizar una cámara de vídeo como los profesionales. Por supuesto, son trucos que conviene aprender para olvidarlos enseguida, y así poder empezar a filmar películas con su sello particular.

Quizá al principio pueda parecer que son demasiados trucos, pero poco a poco verá que todo lo que se plantea aquí es de sentido común. Y descubrirá que lo más importante es aprender a mirar todo de otra manera.

Si cuando termine de leer este libro, y con un pequeño esfuerzo por su parte, empieza a ver de otra forma las puestas de sol, las calles de su ciudad y a las personas que más quiere; si consigue aprender a mirar la vida que le rodea con una mirada más organizada y más poética, ya estará en condiciones de filmar como un profesional.

Capítulo 1

Diferentes formatos

Actualmente conviven en el mercado una gran variedad de formatos domésticos de vídeo: VHS, VHS-C, S-VHS, 8mm, Hi8 y la nueva generación de cámaras digitales: la DV. En este libro no se pretende hacer un ensayo sobre los diferentes formatos, porque todas las cámaras son muy parecidas en cuanto a su funcionamiento. Lo que las diferencia es la forma que tienen de almacenar la información en un soporte magnético, es decir, en el tipo de cinta que debemos utilizar. No obstante, conviene tener una idea básica de cada uno de los formatos.

VHS

Es un formato de vídeo para uso doméstico concebido hacia 1976 por la empresa JVC. Existen diferentes duraciones de cinta: E15, E30, E60, E120, E180, y E240 (el número indica la duración en minutos de la cinta). Ésta presenta dos ventanillas transparentes que permiten apreciar las dos bobinas internas. La cinta mide 188 x 104 x 25 mm y su ancho es de 12,7 mm. Desfila a una velocidad de 2,34 cm/s, y la imagen obtenida tiene una resolución de color equivalente a unas 250 líneas horizontales.

La resolución horizontal es una de las variables más importantes para conocer la

Te interesa...

El toque personal

Antes de comenzar a filmar te debes familiarizar con las técnicas y características, así como con las partes que componen tu propia cámara de vídeo, para que tus creaciones queden impregnadas de tu gusto personal.

Si deseas grabar una historieta lo harás mejor con la ayuda de un guión, que debes preparar de antemano planeando cada caso y secuencia.

Una lista de seis preguntas fáciles como ¿quien?, ¿qué?, ¿cuándo?, ¿dónde?. ¿por qué? y ¿cómo? te ayudarán a planear el desarrollo de la historia.

calidad de una cámara. Para no entrar en muchos detalles aburridos, diremos únicamente que la televisión y el vídeo funcionan mediante un sistema parecido a un mosaico, lleno de puntos generados por las líneas de resolución. Teniendo en cuenta que todas las televisiones que funcionan con el sistema PAL –como es el caso de España– tienen 625 líneas verticales, la diferencia de calidad estará definida en función de las líneas de resolución horizontal. Una cámara de televisión puede llegar a tener 850 líneas de resolución horizontal. Hágase una idea de la diferencia con la cámara de VHS.

El VHS es el sistema que ha logrado la mayor estandarización en el mercado mundial de la reproducción de cintas, es decir, es el vídeo que casi todo el mundo tiene en su casa. El inconveniente fundamental de las cámaras VHS es el tamaño, porque son aparatos muy grandes.

Vídeo 8mm

Es un formato de vídeo doméstico surgido hacia 1982, cuyas características generales fueron adoptadas por acuerdo entre 122 fabricantes en la Comisión Electrónica Internacional. El vídeo 8 hace uso de una cinta de 8mm de ancho alojada en un pequeño casete de dimensiones semejantes al de las cintas de música, cuyas medidas son 96 x 62,5 x 15 mm. Esto posibilitó la

Los formatos de vídeo más habituales son VHS, VHS-C, S-VHS, 8mm, Hi 8 y DV

cámara Vídeo 8mm

cámara VHS-C

creación de cámaras muy pequeñas, lo que permitió al Vídeo 8mm afianzarse en el mercado como una de las cámaras favoritas de los aficionados. Además, y aunque es un sistema doméstico, su rendimiento en calidad de imagen y de sonido lo convirtieron en su día en un sistema muy apropiado para determinados vídeos industriales.

El problema de este formato es el de la reproducción. Una vez que se lleva la cinta a casa, hay que visionarla a través de la propia cámara, con el consiguiente enredo de cables y conexiones por todas partes. Otra solución pasa por hacer una copia en VHS o en el sistema que se tenga en casa, lo que supone una considerable pérdida de la calidad de la imagen.

La única alternativa a la copia es adquirir un equipo de reproducción de Vídeo 8, pero no todo el mundo tiene la posibilidad económica de comprar estos aparatos para ver exclusivamente las películas que graba con su cámara.

VHS-C

Es un sistema de VHS compacto, que se desarrolló para competir con el Vídeo 8mm. Claro, un formato tan cómodo no se podía quedar atrás en la batalla del tamaño. Tiene unas características similares a las de la cámara de VHS. La diferencia fundamental está en el tamaño de la cinta, lo que permitió reducir las proporciones de la cámara.

Para poder reproducir las grabaciones en un vídeo VHS, las cintas compactas necesitan un adaptador especial, que suele venderse con la cámara. Esto convierte a este formato en el más cómodo del mercado.

Con la aparición de este sistema, empezó a surgir una de las peores dudas de los aficionados: ¿Qué cámara comprar? ¿Una de Vídeo 8 o una de VHS-C? Cada fabricante le querrá vender la suya, como es normal. Pero, después de mirar los pros y los contras de cada una de ellas, podemos decir que no existen diferencias abismales entre un formato y otro. Eso sí, cuando vaya a comprar una cámara, infórmese bien de las prestaciones concretas de cada una de las que vea, y decídase por la que más le convenga.

Espero que, cuando termine de leer este libro, sepa qué le tiene que pedir a su equipo y cómo sacarle todo el provecho.

SUPER-VHS

El sistema Super-VHS se desarrolló por JVC hacia mediados de 1987. Este formato duplica la calidad de la imagen de VHS, lograda en base a un sistema más sofisticado. La imagen de alta definición de este formato oscila entre las 400 y las 450 líneas de resolución horizontal, 200 más que el VHS normal, lo que le ha convertido en un formato semiprofesional. Al igual que la cámara VHS, existen cámaras de S-VHS-C, un sistema compacto de S-VHS pero más reducido.

Para poder ver en su casa las grabaciones, necesitará conseguir un vídeo S-VHS. Eso sí: la ventaja del S-VHS es que, ade-

cámara Super-VHS

más, permite leer y grabar cintas de VHS normales. Pero, como puede suponer, todo esto influye considerablemente en el precio.

Hoy en día, la revolución del sistema digital de vídeo lo está relegando a un segundo plano en el campo semiprofesional, después de haber sido durante muchos años uno de los mejores formatos para la realización de vídeos industriales, corporativos y educativos.

Hi8

Es un formato desarrollado hacia 1989 con el fin de dotar al mercado de vídeos para los negocios, la educación y la industria, mediante un sistema de registro económico, compacto y de muy buen nivel. Surge para competir directamente con el Super-VHS. Al igual que este sistema, retiene muchas de las características del Vídeo 8, pero lo perfecciona considerablemente, llegando a las 400 líneas de resolución horizontal.

Igual que en el caso del Super-VHS, la revolución del mercado digital está relegando a las cámaras de Hi8 a un segundo plano en el campo semiprofesional.

Habrá profesionales que apoyarán apasionadamente las cualidades del color del S-VHS, y otros que se pondrán a defender con uñas y dientes el maravilloso sonido digital del Hi8. Como en todas estas discusiones, es muy difícil dar la razón a unos o quitársela a los otros. Por eso, en caso de querer comprar una u otra cámara, lo mejor es estudiar cada caso concreto, y las ofertas que existan en ese momento. Y,

como decíamos antes, adquirir una cámara que se ajuste a sus necesidades y a sus posibilidades.

DV

El DV es un formato estándar creado por un consorcio de 10 compañías multinacionales que se unieron para crear un sistema digital de vídeo: Panasonic, Sony, JVC, Philips, Sanyo, Hitachi, Sharp, Thompson, Mitshubisi y Toshiba. Y eso para ir abriendo boca, porque desde entonces otras 50 compañías se han ido añadiendo al proyecto. Esto es una primera garantía de calidad y permite asegurar su implantación definitiva en muy poco tiempo. De hecho, hoy por hoy podemos decir que el vídeo digital se está imponiendo tanto entre los profesionales como los aficionados.

Aunque lo que se planteó en principio fue crear un formato para las producciones de televisión, existe una versión doméstica del DV, de unas 400 líneas de resolución horizontal, casi nada, si la comparamos con las 500 de otros formatos.

Las cámaras DV domésticas todavía son excesivamente costosas, pero la tendencia a la baja las convierten en una clara opción para dentro de unos años. La ventaja fundamental de los sistemas digitales es su calidad de imagen. Además, la compatibilidad con los ordenadores personales permite una libertad absoluta de manipulación de las imágenes que hemos grabado. Pero esto nos mete de lleno en el montaje de las imágenes, y eso es otra historia, que debe ser contada en otra ocasión.

Para obtener imágenes que respeten el ambiente y la iluminación se deben realizar los balances de blancos, ganancia, etc., manuales que mejoran la interpretación electrónica que la cámara hace de la imagen.

LA CÁMARA DE VÍDEO: ABRÓCHENSE LOS CINTURONES

A cualquier aficionado, incluso a muchos profesionales, lo único que les preocupa es saber qué pueden hacer y qué no pueden hacer con su cámara, para obtener de ella el mayor rendimiento posible. Pero no les interesa saber nada acerca de la complejidad técnica del proceso de grabación.

No obstante, comprender de una forma básica qué es y cómo funciona una cámara ayudará a obtener resultados mucho mejores y a comprender qué es lo que pasa y qué estamos haciendo cada vez que la encendemos.

Sea mejor o peor, más cara o más barata, de un formato o de otro, todas las cámaras de vídeo tienen un mismo propósito: obtener una serie de imágenes electrónicas sucesivas de la escena hacia la que se dirige su sistema óptico. Podemos decir que todas son técnicamente iguales, que los principios de manejo son siempre los mismos y que se dividen en tres partes: objetivo, cuerpo de cámara y magnetoscopio.

El objetivo es el sistema óptico, la ventana por donde entra la luz necesaria para la formación de las imágenes. El objetivo enfoca una pequeña imagen nítida sobre la superficie sensible encargada de transformar la luz en impulsos electrónicos. El enfoque, la apertura del diafragma y la posibilidad de variar la distancia focal (mediante el zoom) son ajustes que habitualmente están situados en el objetivo y que producen sobre él una serie de transformaciones a la hora de crear esas imágenes. Lo estudiaremos un poco mejor en un capítulo aparte.

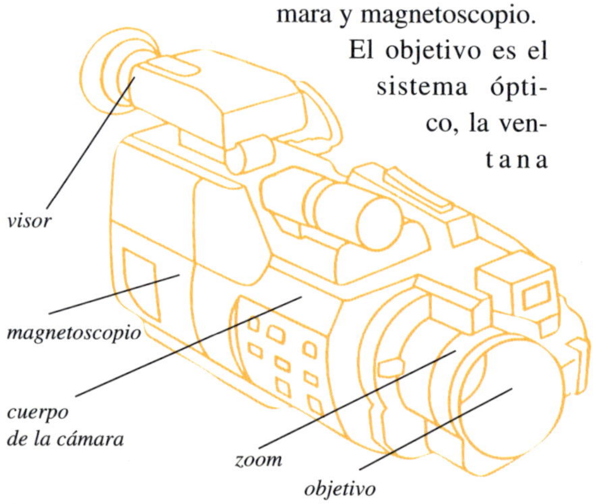

El cuerpo de cámara es donde se realiza la transformación de la luz que capta el objetivo en señales electrónicas, mediante una técnica muy sofisticada. La

RECUERDA...

Las mejores películas de vídeo no tienen que hacerse necesariamente con las cámaras más caras.

mayor parte de los ajustes están situados en el cuerpo de cámara: balance de blancos, ganancia, velocidad de obturación, autofocus, fundidos de cierre... Todos ellos influyen en la interpretación electrónica que la cámara hace de la imagen que le proporciona el objetivo.

El visor también está en el cuerpo de cámara, y nos muestra una primera lectura electrónica en blanco y negro de las imágenes que capta el objetivo.

El magnetoscopio tiene un nombre muy pomposo, pero no es sino el «vídeo» de la cámara. Es donde quedan registradas las señales electrónicas que había generado anteriormente el cuerpo de cámara, es decir, donde se produce físicamente la grabación. Para ello, en el magnetoscopio es donde se introduce la cinta virgen.

Además de grabar, el «magneto» sirve para reproducir las cintas, es decir, para ver las películas que grabamos. Su funcionamiento es igual al del vídeo de casa, y no tiene mayor trascendencia para el objetivo de este libro.

Podemos decir que lo que importa a la hora de grabar es lo que ocurre frente a la cámara. Pero para obtener imágenes de calidad se necesita mucho más que colocar la cámara ahí delante y dejar que las cosas vayan sucediendo. No. En principio, las imágenes de calidad dependen de una cuidadosa operación de control de los ajustes de la cámara.

Si queremos obtener unas imágenes que respeten el ambiente y la iluminación, tenemos que conocer y aprender a controlar esos ajustes, porque, en los formatos domésticos, la calidad de la imagen dependerá más de esos ajustes que de la eficacia del equipo. Sin los ajustes precisos, podríamos tener una imagen sin contraste, sin definición, con brillos que saturen, fuera de foco, y con otros defectos similares.

Las operaciones automáticas

Aunque las operaciones automáticas de las cámaras domésticas pueden corregir en su mayoría estos defectos, conviene saber que cuando la cámara opera de esta forma no tiene ninguna capacidad de discriminación dentro del encuadre.

Esto quiere decir, por ejemplo, que la cámara en modo automático cerrará el diafragma y oscurecerá la imagen cada vez

TE INTERESA...

· Nuestros ojos son órganos móviles que pueden abarcar un campo muy amplio o concentrarse en un objeto muy pequeño. El objetivo de una cámara simula este movimiento del ojo, con todas sus limitaciones.

· Gracias al objetivo, la luz entra en la cámara y la magia de la transformación de las imágenes es posible.

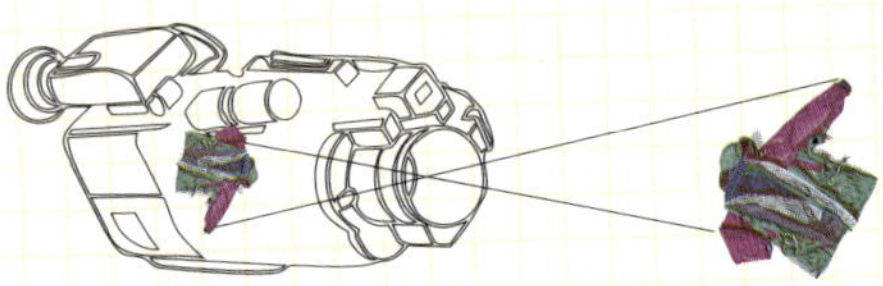

que entre en cuadro una superficie brillante, y lo abrirá para aclarar la imagen siempre que aparezca un objeto oscuro.

Intentaremos ser más claros: si estamos grabando el plano de un anciano sentado en un parque, que de repente saca un periódico del bolsillo, el diafragma se cerrará inmediatamente al entrar la mancha blanca en el plano. La cara del anciano se hará entonces más oscura. De repente llega su amigo vestido con un traje negro y se sienta a su lado; el diafragma automático se volverá a abrir y de nuevo se producirán cambios en la imagen.

Es decir, que aunque la imagen lograda por el sistema automático sea siempre correcta, es muy probable que no muestre lo que queremos ver tal como lo queremos ver, por diversas razones.

Conviene tener en cuenta que los sistemas automáticos no dejan de ser unos dispositivos de seguridad que sirven para usarlos en condiciones imprevisibles de iluminación, o en aquellos momentos en los que no queremos (por pereza o porque no conviene) controlar las imágenes. Pero hay que admitir de antemano que los resultados artísticos no serán todo lo buenos que hubiéramos querido obtener.

Por esta razón es interesante conocer cómo funciona por dentro una cámara de vídeo; para poder controlar la imagen y obtener el resultado deseado.

LOS OBJETIVOS: CÓMO MIRA UNA CÁMARA

De una manera general, puede afirmarse que los objetivos son dispositivos capaces de formar una imagen de un objeto determinado, agrandándolo o empequeñeciéndolo. El objetivo se compone de una serie de lentes independientes, dispuestas en un tambor, a las que se llama elementos.

Existen dos tipos básicos de lente: las de distancia focal fija y las de distancia focal variable o zoom. Una definición imprecisa, pero que puede aclarar bastante qué es la distancia focal, sería que es la distancia que hay entre la lente y la superficie sensible de la cámara.

La cámara cerrará el diafragma en modo automático cuando entre en cuadro la superficie brillante de la nieve.

La cobertura de la imagen, el ángulo de visión de la lente y el tamaño varían con la distancia focal. En definitiva, si doblamos la distancia focal, el objeto aparece dos veces mayor en el encuadre, pero la toma sólo cubre la mitad de ancho y alto que la anterior. Y, en consecuencia, si la distancia focal es la mitad que la primera, reproduce un objeto disminuido a la mitad de su tamaño en una escena que será el doble de ancho y largo.

Todas las cámaras domésticas de vídeo van equipadas con un objetivo zoom. Esta lente puede abarcar un espacio más o menos variable, al que se le llama ángulo de visión. Las sensaciones de distancia, espacio y tamaño que transmite una imagen están relacionadas con este ángulo de visión.

Mientras una distancia focal estándar puede crear una imagen de proporciones naturales, similar a la visión humana, otros ángulos de lente pueden modificar la perspectiva y las proporciones. Una distancia focal corta exagera la sensación de distancia, porque todo se ve más lejos; mientras que una distancia focal larga la acorta: todo se verá más cerca.

El objetivo zoom

El zoom es un objetivo de distancia focal variable y, por lo tanto, se puede ajustar siempre que se quiera para conseguir el tamaño de la imagen deseado, dentro de la escala de sus posibilidades. Esta operación se puede hacer sin interrumpir la toma y sin necesidad de mover la cámara. Eso da muchas ventajas a la utilización del zoom. Con cualquier lente de distancia focal fija, si se quiere ampliar o reducir la escena, hay que cambiar la distancia a la que se está del objeto, o poner otro objetivo con la distancia focal que nos interesa.

Los dos tipos básicos de objetivo son: los de distancia focal fija y los de variable o zoom

Hoy en día, prácticamente todas las cámaras de vídeo llevan incorporados objetivos zoom. Si tiene su cámara a mano verá que se puede aumentar o reducir el tamaño de los objetos utilizando el objetivo de distancia focal variable. Para saber cuántas veces puede aumentar un objeto, basta con leer el número que hay cerca del zoom. Si el número es, por ejemplo (x 3), quiere decir que el tamaño del objeto filmado se puede modificar por el factor 3, es decir, la zona en la que el objeto se verá más grande es tres veces mayor a la zona en que el objeto se ve más pequeño.

Más adelante, en capítulo aparte, también hablaremos de las ventajas e inconvenientes del objetivo de focal variable.

TE INTERESA...

· La cámara debe estar fija durante la grabación. Por ello, el trípode es el accesorio más importante. Si no puede disponer de uno, apóyese sobre cualquier elemento fijo.

· Los filtros polarizador y ultravioleta son casi los únicos necesarios.

· El trípode cuenta con una cabeza con una rótula, que permite mover la cámara en todas las direcciones hasta obtener el encuadre deseado.

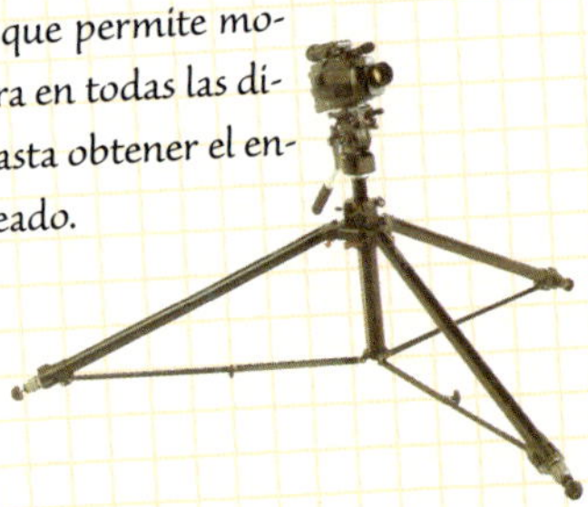

LOS ACCESORIOS: UNA AYUDA NUNCA VIENE MAL

El trípode, en busca de la estabilidad

Desde el punto de vista técnico, una película de vídeo tiene que tener dos cualidades esenciales:

• Que esté correctamente expuesta, es decir, que las imágenes no sean demasiado claras ni demasiado oscuras.

• Que las imágenes sean estables, es decir, que no tiemblen.

Respecto a lo primero, el ojo tolera más o menos las imágenes mal expuestas. Más o menos. Pero lo que no soporta en absoluto son las imágenes temblorosas e inestables. Cinco minutos después de empezar a ver esas idas y venidas de la cámara, la cabeza nos dice que algo no funciona, nos sentimos mareados y, para no herir la sensibilidad del amigo que nos ha invitado a ver su película, lo único que podemos hacer es intentar disimular de la manera más inocente, cerrar los ojos para vencer el dolor de cabeza y tratar de no roncar durante la cabezadita que nos espera.

La mejor manera de evitar que también nuestros amigos se mareen al ver nuestros pases es hacer películas que tengan imágenes estables. Para ello, la cámara debe mantenerse prácticamente inmóvil durante la grabación. El trípode, un accesorio muy útil que garantiza la perfecta estabilidad en la toma de imágenes, se convertirá en nuestro mejor amigo.

El trípode está provisto de una cabeza con una rótula que permite mover la cámara en todas las direcciones y obtener el encuadre apropiado. Una vez encontrada la posición de la cámara, la rótula se bloquea en sus dos sentidos de giro (horizontal y vertical) para conseguir unos excelentes resultados.

Por ejemplo, en el caso de grabaciones de actos públicos, como obras de teatro o conciertos, el trípode nos da la posibilidad de mantener un encuadre fijo del escenario, ajustar los controles y disfrutar del espectáculo sentados tranquilamente en el patio de butacas.

Los vendedores tratarán de colocarnos una gran cantidad de accesorios. En eso consiste su trabajo. Sin embargo, no debemos dejarnos engatusar. Es importante saber que el trípode es el accesorio más importante. Cuando un aficionado al vídeo decide por fin comprarse un trípode, los resultados se harán evidentes enseguida,

Con filtro polarizador

Esta imagen ha sido tomada con un filtro polarizador. El filtro ha evitado que los rayos ultravioletas distorsionen la coloración azul del mar, por lo que la imagen se reproduce con un color más saturado y con menos reflejos.

obteniendo una mayor calidad en las grabaciones.

De cualquier manera, se pueden realizar buenas películas sin trípode. De hecho, hay veces que el trípode es prácticamente inútil, porque es demasiado engorroso.

Para grabar sin trípode basta con saber algunos trucos: si está de pie, apóyese contra cualquier cosa sólida: un árbol, una pared, un coche... Si está sentado, puede apoyar los codos encima de la mesa o en el respaldo de una silla. El secreto está en buscar siempre la posición más estable.

Filtros, la importancia del color

Los filtros constituyen un complemento que permite modificar los colores y la forma de la imagen. Para no darles demasiada importancia, hablaré únicamente de los dos filtros más indispensables.

Para proteger el objetivo, es conveniente tener a mano un filtro antiultravioletas. Los rayos ultravioletas provocan dominantes de color, es decir, los falsean. Estos rayos son muy abundantes a orillas del mar, o en la montaña, especialmente a partir de los 1.800 metros de altura. Por eso no está de más colocar delante del objetivo un filtro de estas características, que mejora la fidelidad de ciertos colores, da más claridad a la imagen y protege el objetivo de la cámara.

El filtro polarizador, llamado así porque polariza la luz del sol, permite el paso de la luz solar únicamente en un sentido, lo que se conoce como plano de polarización. Este filtro consigue una extraordinaria saturación de colores en los paisajes naturales y es capaz de eliminar reflejos en los cristales y demás superficies no metálicas. Además, permite eliminar el exceso de coloración azul del agua del mar, de los lagos o de los ríos.

A modo de adelanto, le sugiero un truco para hacer desaparecer a una persona en un plano, sin dejar de grabar y con la ayuda de un filtro polarizador: coloque la

Sin filtro polarizador

Comparando esta imagen con la anterior, se pueden ver fácilmente las consecuencias de no utilizar un filtro polarizador: el mar resulta mucho más pálido que en la toma anterior.

cámara frente a una luna de cristal que esté a la sombra. La cámara debe ir en diagonal al escaparate, para no aparecer en el plano. Ahora, a pleno sol y frente al cristal, sitúe a la persona a la que quiere hacer desaparecer. Si sigue todas estas indicaciones verá cómo su reflejo, muy brillante, aparecerá sobre el cristal tan nítidamente como si estuviese delante de la cámara. En estas condiciones es muy sencillo hacerle desaparecer del plano: basta girar el filtro polarizador, con lo que el personaje dejará de reflejarse y, por consiguiente, dejará de verse.

Existen infinidad de filtros para vídeo, igual que para fotografía. A pesar de lo que le diga el vendedor, le recomendamos que se lo piense dos veces antes de comprar otros diferentes. La experiencia dice que la mayoría de estos filtros sólo sirven para dormir el sueño de los justos y criar polvo en la funda de la cámara, si no se automatiza con la práctica las ventajas e inconvenientes que su uso presenta.

El uso del filtro permite que los colores y las formas se reproduzcan con más claridad.

Capítulo 2

Trucos para la cámara

REVISAR LA CÁMARA

LIMPIEZA DEL OBJETIVO

En primer lugar, asegúrese de que el objetivo está limpio. Sólo un objetivo limpio puede garantizar imágenes nítidas, sin manchas de color y sin zonas de la imagen difuminadas.

No lo toque nunca con los dedos. Éstos están parcialmente cubiertos con una mezcla de cuerpos grasos y ácidos procedentes del organismo humano. Si apoya el dedo contra cualquier cristal limpio, podrá ver que, al retirarlo, se forma una estupenda huella dactilar, con todas sus rayitas... Esta huella tan inofensiva ataca lentamente el cristal y los ácidos pueden llegar a estropear el objetivo.

Para limpiarlo, utilice materiales adecuados y no utilice pañuelos de bolsillo ni de papel. Puede utilizar un lienzo sin pelusa, muy fino y completamente seco. Existen unos paños especiales que se pueden conseguir en cualquier tienda de fotografía o en las ópticas. Nunca debe humedecer el paño con alcohol o cualquier otro producto, porque el líquido puede penetrar en el meca-

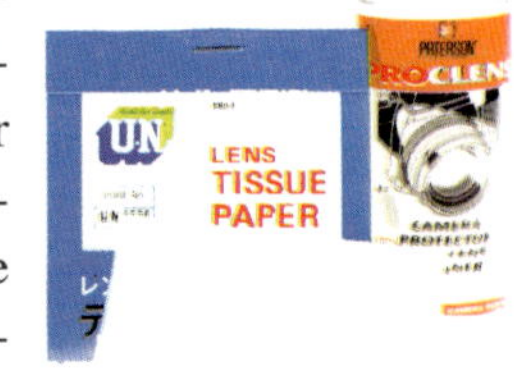

nismo de la cámara y ser peor el remedio que la enfermedad.

Es muy buena precaución la de colocar la tapa protectora antes de guardar la cámara en su bolsa. El polvo llega a todas partes, hasta donde no lo vemos, y es muy importante proteger el objetivo de este otro enemigo natural. Eso sí, cuando vaya a grabar, asegúrese de quitar la tapa. Y, al terminar, vuelva a colocarla.

El visor

Compruebe que el visor de su cámara está limpio y funciona adecuadamente. Asegúrese de que funcionan bien los indicadores internos. Ajuste los controles de luminosidad y contraste para obtener una imagen a su gusto.

Existe la posibilidad de graduar el visor para diferentes vistas. Cerciórese de que está graduado para la suya.

Recuerda...

- Asegúrese de que el objetivo esté limpio de polvo y huellas.
- Compruebe que el visor esté correctamente ajustado.
- Cargue bien las baterías antes de cada grabación.
- No olvide llevar más película de la que piensa grabar.

El tono azulón de la escena indica que la grabación se ha realizado bajo el cielo despejado.

Las baterías

Cargue bien las baterías antes de cualquier grabación. Cada tipo de baterías tiene sus propias normas de utilización, pero lo más adecuado en la mayoría de los casos es que las deje cargando en su totalidad. No es conveniente interrumpir el proceso de carga, porque reduce la duración de la vida de las baterías. Una vez terminada la grabación, conviene dejar que las baterías se descarguen totalmente antes de proceder a una nueva carga.

Asegúrese siempre de tener varias baterías cargadas antes de salir a grabar

Es interesante hacerse con varias baterías para no encontrarnos con la desagradable experiencia de ver cómo, en el momento más importante de la grabación, la cámara se apaga porque no le queda energía.

Intente ahorrar baterías. Para ello le proponemos algunos consejos:

• Cuando pueda conectar la cámara en la red eléctrica, no lo dude. Siempre que grabe en interiores, busque un enchufe y alimente la cámara sin baterías.

• Apague la cámara siempre que no esté grabando. Si no tiene muy claro qué va a grabar o si se está desplazando de un sitio a otro y va a estar un tiempo sin utilizar la cámara, apáguela. Una cámara encendida siempre gasta energía, aunque no grabe.

• Procure no utilizar iluminación que se alimente con las baterías de la cámara. Siempre que sea posible, busque ilumina-

ción autónoma o fuentes de luz que vayan enchufadas a la corriente eléctrica.

• Si va a grabar en exteriores, intente llevar cintas de corta duración. La batería tiene que alimentar y mover un motor que hace que el magnetoscopio gire para arrastrar la cinta que va grabando las imágenes que genera la cámara. Cuanta más duración tenga la cinta, más fuerza tendrá que hacer ese motor y, por consiguiente, el gasto de energía será mayor.

La película

A veces hay quien se olvida de lo más importante: la película. Está todo preparado para grabar, el objetivo limpio, los controles ajustados, las baterías cargadas a tope y, de repente, se enciende una luz en el centro del visor: no hay película. O, muchas veces, el visor nos indica que estamos llegando al final de la cinta. Por eso es conveniente llevar siempre más película de la que pensamos grabar.

Hay cámaras que nos indican aproximadamente el tiempo de grabación de la película que queda libre. En caso de que su cámara no cuente con este dispositivo, lo que puede hacer es examinar de cuando en cuando cuánta película le queda.

AJUSTAR LOS CONTROLES

Verifique que todos los controles estén bien ajustados. La función de los controles de cámara es asegurar que la exposición sea adecuada desde el punto de vista técnico y artístico. De ahí la importancia de estos ajustes. Si olvida alguno de estos detalles, luego puede encontrarse con escenas que no se hayan registrado

▲ *Imagen iluminada por una luz.*
▼ *Imagen iluminada por dos luces.*

convenientemente, de la forma que usted quería.

Balance de blancos

La luz del sol no es igual que la iluminación artificial, ni todas las luces artificiales son iguales. Los diferentes tipos de iluminación alteran los colores de una escena. Esta alteración es prácticamente inapreciable para la percepción humana (entre otras cosas por falta de atención, porque si nos fijásemos en los diferentes efectos de la luz, podríamos llegar a reconocerlos enseguida). Pero una cámara de vídeo reproduce fielmente lo que tiene delante. Si es una escena iluminada por una lámpara de tungsteno, registrará todo con una coloración rojiza. Y, si lo que graba es una escena iluminada por el cielo despejado, dará un tono azulón a todo.

Para que estas coloraciones de la escena no se produzcan, hay cámaras que permiten realizar una función que se llama balance de blancos. Éste es un proceso de ajuste de la cámara para que se acondicione a la iluminación que hay en un lugar determinado. Normalmente las cámaras domésticas no pueden hacer este ajuste de manera muy compleja, pero existen modelos de mayor calidad que permiten hacer un balance muchísimo más preciso.

En estas cámaras, el balance de blancos es muy sencillo: una vez que se ha determinado el filtro adecuado a la luz que hay en el lugar que se va a grabar (filtro de interior, soleado o nublado), se efectúa el balance de blancos mediante la toma de un primer plano de una superficie blanca, iluminada por la misma luz de la escena. Normalmente, el balance se realiza de manera automática, al accionar el dispositivo preparado para tal efecto.

Con esta sencilla operación, lo que hacemos es decirle a la cámara que ese color que tiene delante es un «blanco puro». A partir de ese dato, se realiza una descomposición de todos los demás colores de la imagen. De esta forma, las diferentes condiciones de iluminación no alterarán la coloración original de la escena.

Por esta razón es necesario realizar un balance de blanco cada vez que cambien las condiciones de iluminación. Un balance de blancos incorrecto, o la falta de éste, se traduce siempre en alteraciones de los colores de la escena, que se destacan especialmente en los rostros.

Pero no todas las cámaras permiten la posibilidad de realizar este ajuste.

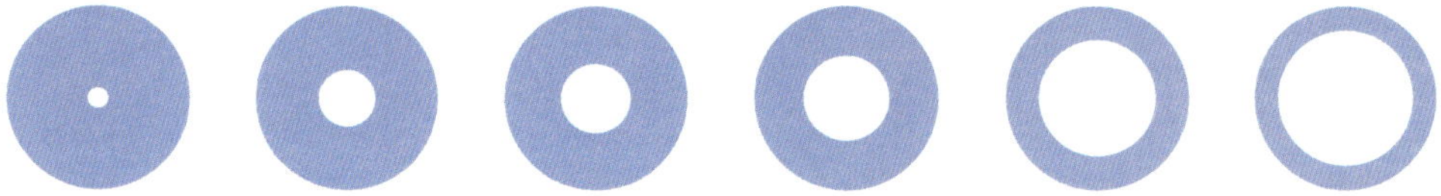

Diferentes aberturas de un diafragma

EL DIAFRAGMA

Es como una persiana que permite dejar pasar más o menos luz al objetivo. Todas las cámaras permiten realizar este ajuste de manera automática, con el que se obtiene un resultado correcto. Pero a veces el diafragma automático proporciona una lectura de la luz que no nos interesa.

Por ejemplo, un joven quiere grabar a su pareja, que se halla delante de una ventana. En este caso, la cámara se encontrará con un contraluz, es decir, con el fondo más iluminado que la chica. El diafragma automático hará una lectura de la iluminación media que hay en el encuadre, y no se verá bien ni lo que hay detrás de la ventana ni lo que hay delante.

Como todavía está en pleno enamoramiento, decide que quiere grabar la cara de ella. Una vez ajustado el diafragma en automático, observará el exceso o la falta de exposición, es decir si le falta o le sobra luz, y modificará el diafragma según el criterio que quiera adoptar. Como lo que le interesa es su pareja, abrirá un poco el diafragma en modo manual, para saturar la ventana y ver la cara angelical de su media naranja, sonriendo allí delante.

Otra joven, por el contrario, está pasando un período de crisis, y, en vez de grabar a su novio, lo que le interesa es hacer una toma de lo que se ve por la venta-

Las siluetas y las puestas de sol

Para hacer un buen plano de silueta, basta con una composición sencilla.

La imagen femenina ocupa el primer plano de la fotografía, el mar y la puesta de sol al fondo contribuyen a dar un toque romántico. Lo que se ha hecho es cerrar el diafragma, así el primer plano se oscurece y el fondo aparece detallado. Se añadió un filtro naranja para intensificar el color.

na (cualquier cosa menos esa horrible cara). Entonces cerrará el diafragma para oscurecer lo que hay en el interior, y tener una vista impresionante a través de la ventana. Siempre le quedará el recurso de decir que fue un accidente...

La mayoría de los planos se deben ajustar para que se reconozcan bien los rostros, aunque con ello se pierdan los tonos extremos. Para compensar esta pérdida, podemos iluminar las partes más oscuras, ya sea la cara en el caso de un

Escena grabada con una velocidad de obturación elevada para evitar imágenes movidas.

contraluz o el fondo en otros casos, hasta ver los detalles. Pero este tema lo veremos más adelante, cuando se trate el tema de la iluminación.

La obturación

Este dispositivo se integra en la cámara de vídeo para mejorar la calidad de la imagen registrada. Es muy similar al obturador de una cámara de fotografía, controlando el tiempo en que el objetivo permite dejar pasar la luz. Porque una cosa es el diafragma, que abre más o menos la ventana, y otra muy distinta es la obturación, que controla el tiempo que dejamos la ventana abierta para permitir el paso de la luz.

Una velocidad de obturación elevada evita las imágenes movidas en la grabación de figuras de desplazamiento rápido: una pelota de tenis, un balón de fútbol, el descenso de una montaña en una carrera ciclista…

En 1979, Sony inventó el sistema de obturación electrónica variable, que dota a la cámara de diferentes tiempos de obturación: 1/100, 1/125, 1/175, 1/250, 1/500 y 1/1000 segundos. Todas las cámaras domésticas lo llevan incorporado.

La ganancia

Las cámaras de vídeo transforman la luz en señales electrónicas. La ganancia permite aumentar la sensibilidad de la cámara en situaciones de bajo nivel de luz, consiguiendo amplificar la señal.

En situaciones en que hace falta «meter» mucha ganancia, la calidad de imagen se reduce considerablemente, porque au-

menta el grano, y la escena adquiere una tonalidad verdosa. A este grano y a esta tonalidad verdosa, que suelen venir juntos, se les llama ruido de la imagen.

Por eso es conveniente iluminar mejor una escena, siempre que sea posible, antes que «meter ganancia». Si no es posible (por ejemplo, en una ceremonia religiosa, como puede ser una boda), no quedará más remedio que amplificar la señal por medio de la ganancia.

El disparador

Existe un control que conviene siempre tener muy presente: el del disparador, o botón REC. Este botón permite, al pulsarlo, empezar a grabar, y, al volver a pulsarlo, detener la grabación. Por eso siempre será oportuno tener claro si la cámara está grabando o no. No es extraño ir «con el paso cambiado»; a veces pensamos que la cámara está grabando, y lo que ha hecho es todo lo contrario, es decir, detener la grabación. Por la misma razón, cuando queremos dejar de grabar, la cámara empieza su trabajo.

Lo que trae consigo todo esto son imágenes sin sentido, movimientos absurdos en los que no pasa nada (incluso a veces comentarios de los que nos arrepentiremos y que quedan registrados, ya saben, que si la suegra parece más gorda, que si el jefe es un estúpido, y esas cosas) y, cuando, por fin, parece que va a aparecer algo interesante, cuando parece que vamos a ver un plano, porque el operador ha encuadrado un edificio o a unas personas que van a decir algo, cuando parece que todo está enfocado... ¡la grabación se detiene!

Recuerda...

· Verifique que todos los controles de su cámara estén bien ajustados.

· Un balance de blancos mal hecho se traduce siempre en alteraciones del color de la escena.

· El diafragma es como una persiana que permite dejar pasar más o menos luz al objetivo.

· La obturación permite controlar el tiempo en que esta ventana permanece abierta para dejar pasar la luz.

· La ganancia amplifica la señal y aumenta la sensibilidad de la cámara en situaciones de bajo nivel de luz.

· Cada vez que pulse el disparador, compruebe el tally de la cámara para saber si está grabando o no.

· Gracias a los ajustes puede conseguir una imagen más atractiva o eficaz.

Le aseguro que esto no es tan extraño como puede parecer, y que ha ocurrido más de una vez y más de dos. Pero no se preocupe. Es sólo un despiste. Evitar que esto ocurra es tan sencillo como comprobar de cuando en cuando si el *tally* de la cámara (una lucecita roja que puede estar fija o puede parpadear) está encendida o apagada, y mirar si en el visor aparece un mensaje de grabación (REC).

Aspectos artísticos en el control de los ajustes

Mediante los ajustes adecuados podemos conseguir que una imagen sea más atractiva o eficaz, al margen de la realidad que esté pasando por delante de la cámara. Propondré tres ejemplos de tres tipos diferentes de ajustes:

• *Tono de los objetos*. A veces el tono de los objetos se confunde en vídeo. Esta confusión se puede disimular mediante los ajustes oportunos. Así, por ejemplo, si quiere ver el detalle de unas sombras, no tiene más que abrir el diafragma, aunque sature parte de la escena. Si hay un área excesivamente brillante que perturba la escena, sólo tiene que cerrar el diafragma.

• *Detalles muy difíciles*. Si desea ver detalles en objetos muy claros o muy oscuros, los ajustes de vídeo correspondientes pueden resolverlo. Así, por ejemplo, si quiere filmar la página de un libro, debe reducir la exposición para mejorar la imagen. De no hacerlo así, posiblemente se vea una mancha blanca.

• *Valores de color*. Modificando el balance de blancos, se pueden compensar algunos efectos de color inadecuados. Basta

La imagen superior ha sido tomada con exposición reducida, por lo que las páginas se ven detalladas. Abajo, no se ha reducido la exposición y las páginas salen como una mancha blanca.

con sustituir la hoja en blanco por una superficie roja o azul para hacer el balance. Se introduce así una variación del color, que creará ciertas sensaciones: la impresión de una puesta de sol, la luz de la luna...

CÓMO SOSTENER LA CÁMARA

Cualquiera que haya hecho fotografías alguna vez sabrá que una de las cosas más importantes es que la cámara debe permanecer lo más fija posible en el momento de pulsar el disparador para que la foto no salga movida. Este principio continúa siendo válido cuando se pasa de la fotografía al vídeo: desde el momento en que se empieza a grabar hasta que se termina el plano, la cámara debe estar sujeta de la manera más firme posible.

Para que las imágenes no salgan movidas hay que mantener inmóvil la cámara

Aprender a sostener la cámara es muy importante, porque de ello va a depender la estabilidad de las imágenes grabadas. Hay que procurar siempre mantener la cámara erguida e inmóvil. Para evitar los típicos temblores de la imagen conviene tener en cuenta una serie de trucos:

• Sostenga la cámara firmemente, pero sin demasiada fuerza, con la mano izquierda debajo, mientras coloca la mano derecha dentro del sistema de anclaje que normalmente está situado al lado del visor. El dedo pulgar debe ir colocado sobre el botón del disparador, el botón REC. Esta forma de sujetar la cámara proporcionará una mayor estabilidad a sus grabaciones.

• Apoye bien el visor de la cámara contra su ojo y la arista de la nariz. De esta manera, la cámara se convertirá en una continuación artificial de su cabeza, y el ojo formará parte de la cámara. Esto le frenará a la hora de hacer movimientos imposibles y dará a la cámara mayor estabilidad horizontal.

• Mantenga el cuerpo relajado. Evite las posturas tensas. Si puede, descanse el peso de su cuerpo sobre cualquier superficie: un coche, una mesa... Al menos, y siempre que sea posible, intente apoyar el codo en alguna parte estable. Mientras filma, es importante evitar las sacudidas y los tirones de cámara.

• Controle la respiración. Siempre que sea posible, intente aguantar la respiración mientras está grabando.

• Para grabar algo que esté situado por debajo de su cintura, como una abeja libando en una flor, es mejor agacharse buscando una posición cómoda y apoyar la cámara en una rodilla para darle estabilidad.

• Si está pensando en grabar imágenes con el zoom metido al máximo, es muy importante hacerlo siempre sobre un trípode, porque los mínimos movimientos del pulso se van amplificando cuanto más corta sea la distancia focal. Si no tiene trípode, busque una superficie estable para utilizarla como soporte y apoyar la cámara: el tronco de un árbol, una mesa, un banco de un parque, una piedra...

• Casi todas las cámaras permiten mover el ángulo del visor. Colóquelo de tal manera que le permita situarse en una posición cómoda. Así, en las tomas bajas, suba el visor y, cuando sea necesario conseguir un tiro de cámara alto, baje el visor para ver lo que graba.

• Si nunca ha cogido una cámara de vídeo, practique cómo coger la cámara antes de empezar a grabar. Estudie la posición que más cómoda le resulte. Esto le familiarizará con su equipo antes de empezar la gran aventura de las videograbaciones.

APRENDER A ENFOCAR

Al enfocar, lo que hacemos es ajustar el objetivo para reproducir con la mayor definición la imagen del sujeto. Al grabar, intentamos siempre crear imágenes que sean lo más nítidas posible.

La profundidad de campo de esta marina es correcta, aunque el encuadre no adecuado del barco le quita atractivo a la escena.

Enfocar

La imagen de la izquierda está enfocada. La misma imagen desenfocada a la derecha. Obsérvese el cambio tan evidente, la pérdida de detalle es considerable en el segundo caso.

Además de la posibilidad de realizar un enfoque manual, muchas cámaras tienen un sistema de enfoque automático, es decir, unos sensores de distancia que ajustan automáticamente el enfoque. Este tipo de enfoque tiene muchos inconvenientes y limitaciones, puesto que no tienen capacidad de discriminación.

Si estamos grabando la primera carrera de un niño en un parque y, de repente, se cruza por delante de la cámara un elemento extraño, como otro niño montando en bici, el sistema automático tratará de enfocar la bici, ignorando al niño que corre, que era lo que queríamos mantener nítido. Pero la bici pasa y desaparece. La cámara se vuelve loca, se desenfoca otra vez buscando un nuevo sujeto para enfocar, hasta que encuentra al niño y vuelve a corregir el foco sobre él, que ahora está caído en el suelo... Nos hemos perdido la primera caída del niño en su primera carrera por el parque, por la sencilla razón de no haber aprendido a enfocar manualmente.

El enfoque manual supera las limitaciones que ofrece el enfoque automático

El enfoque es la asignatura pendiente de los aficionados. No es nada extraño ver películas llenas de planos desenfocados, que producen una sensación muy desagradable. Para filmar como un profesional hay que aprender a enfocar correctamente y, para ello, conviene tener unas cuantas ideas claras:

- En primer lugar, hay que saber que el objetivo, igual que el ojo humano, no puede ver de manera nítida, y al mismo tiempo, los primeros planos y las lejanías. Esto se puede comprobar cerrando un ojo y tratando de conseguirlo.
- En segundo lugar, conviene tener claro que el margen dentro del cual los objetos aparecen enfocados se llama profundidad de campo. El enfoque a una cierta distancia no sólo produce la nitidez en esa distancia precisa, sino también en una

zona hacia delante y hacia atrás. Si un objeto en movimiento permanece dentro de la zona de profundidad de campo, no será necesario reajustar el foco.

• La tercera norma que interesa conocer es que la profundidad de campo es más extensa cuanto más lejana sea la distancia de enfoque. Es decir, que cuando enfocamos al infinito tenemos la mayor profundidad de campo. Si se mantienen constantes todas las variables, la profundidad de campo aumentará cuanto más alejada esté la cámara del objeto que se enfoque.

• La cuarta regla dice que también es más amplia la profundidad de campo cuanto más corta sea la distancia focal del objetivo .

• Por último, la quinta ley dice que la profundidad de campo es más amplia cuanto más cerrado esté el diafragma. Y

TE INTERESA...

• Enfocar es ajustar el objetivo de la cámara para reproducir con la mayor definición las imágenes que queremos grabar.

• Tenga siempre en cuenta las leyes que influyen en la profundidad de campo.

• Si quiere obtener imágenes nítidas, ponga en práctica el pre-enfoque anticipado.

Modificando el balance de blancos, se habrían podido compensar algunos efectos de color inadecuados.

al contrario: si se mantienen fijas la distancia focal y la distancia de enfoque, se reducirá la profundidad de campo al abrirse el diafragma.

Para aprender a enfocar en vídeo es importante tener en cuenta estas cinco normas y, fundamentalmente, las que hablan de la profundidad de campo. Debemos conservar la nitidez durante todo el tiempo que grabemos. Y conviene recordar estas reglas al filmar motivos en movimiento, para evitar tener que hacer correcciones de foco sobre la marcha, que siempre son complicadas.

Se deben tomar todo tipo de medidas para enfocar antes de empezar a grabar. Para ilustrarlo, les proponemos un caso práctico: un operador está grabando la salida de una carrera popular con una distancia focal corta (un plano amplio) y, de repente, ve a su hijo preparado para salir. Sin dejar de grabar, realiza un acercamiento para hacer un primer plano de su hijo, y la toma aparece totalmente desenfocada. ¿Por qué?

Para acercar el plano con el zoom usaremos el pre-enfoque

La toma general saldrá siempre enfocada, porque la profundidad de campo es más amplia con la distancia focal corta. Por eso no es tan fácil detectar la distancia de enfoque exacta. Los participantes, los árboles, el ambiente… Todo aparecerá nítido.

Pero cuando vamos acercando el plano con el zoom, la profundidad de campo se reduce progresivamente y entonces queda al descubierto que no se ha enfocado de manera correcta. Aparte de corregir el foco mientras se rueda, que a veces es inevitable pero que siempre es engorroso, la única solución es el «pre-enfoque anticipado».

El pre-enfoque anticipado

Vamos a ver en qué consiste este sencillo truco para aprender a enfocar:

• Dirija la cámara hacia el motivo que quiere grabar.

• A continuación, accione el zoom hacia su posición más *tele*, es decir, hasta que vea el motivo lo más grande posible.

• Enfoque despacio, hasta que vea el motivo lo más nítido posible.

• Corrija la posición del zoom para encuadrar con el tamaño de plano que le convenga.

Recuerda…

La profundidad de campo se amplía:

· Cuando enfocamos al infinito.

· Cuando la distancia focal del objetivo es más corta.

· Cuanto más cerrado está el diafragma.

En el caso de que quiera grabar un edificio, busque el punto de vista que más le guste para colocar la cámara, dirija la posición más *tele* de su zoom hacia un punto cualquiera del edificio (a ser posible hacia un punto más o menos central), y enfoque. Cuando vea el visor enfocado, tire del zoom hacia atrás para conseguir el tamaño de cuadro que desee. Ésta es la única manera de obtener imágenes correctamente enfocadas.

Como ejercicio, puede observar que, si enfoca tal y como le recomendamos, y mira por el visor mientras acciona el zoom hacia atrás, el objeto que quiere grabar no se desenfoca durante ese recorrido.

De la misma manera, puede hacer el ejercicio de observación contrario: si tiene una focal corta en su zoom, verá todo más o menos enfocado. Pruebe ahora a accionar el zoom hacia un objeto cualquiera. Verá cómo se va desenfocando poco a poco.

Distancia mínima de enfoque

Todos los objetivos tienen una distancia mínima de enfoque que, como habrá podido adivinar, es la distancia más corta a la que puede crear imágenes nítidas. Por debajo de esa distancia, la imagen aparecerá siempre desenfocada.

Algunas cámaras llevan un sistema de «macrobjetivo», que no es otra cosa que un ajuste interno del objetivo que permite encuadrar dentro de la zona de la distancia mínima de enfoque. De esta manera puede obtener unas imágenes asombrosas de objetos y animales pequeños: flores creciendo, insectos correteando por un jardín, las letras de un periódico…

Por debajo de la distancia mínima de enfoque el girasol aparecería desenfocado

Capítulo 3

Trucos para el plano

El plano de vídeo es la traducción de una idea que se expresa de una manera visual por medio de una imagen en movimiento. Esta imagen permanece en la pantalla el tiempo suficiente como para permitir que el espectador la comprenda. El plano puede ser más o menos grande según el tamaño del sujeto dentro del encuadre, y será más o menos largo según el tiempo que dure su proyección.

La toma es el espacio de tiempo comprendido entre un arranque y una parada de la cámara, es decir, desde el momento en que se pulsa el disparador y la cámara empieza a grabar, hasta que se vuelve a pulsar y la cámara se detiene.

El operador debe tener criterio suficiente para fijar la duración de una toma, de acuerdo con el desarrollo de lo que ocurre frente a la cámara. La toma deberá ser lo suficientemente larga como para hacer comprensible la acción que se está grabando.

La escena es un conjunto de tomas que integran un episodio. Es decir, es todo aquello que se graba en un mismo ambiente y con los mismos personajes. No es necesario que una escena la compongan varias tomas. Puede darse el caso de que una escena esté constituida por una única toma. Esto ocurre cuando se realiza la grabación de un recital lírico, por ejemplo. En este caso, lo normal sería hacerse con un trípode o una superficie fija en la que apoyar la cámara y grabar todo el acto sin interrupciones. De esta forma, tendríamos una grabación en la que la escena la compone una sola toma.

EL ENCUADRE

Cuando se mira por el visor de una cámara, lo que se ve es un rectángulo y, dentro de él, una porción de la realidad: la que queda delante del objetivo. Es decir, no se ve todo el espacio que nos rodea, sino sólo una parte de él; precisamente, la que quedaría filmada si se accionase el botón de REC. Y como esa parte de la realidad aparece dentro del «cuadro» del visor, se le llama encuadre. Lógico, ¿no?

Aunque no lo parezca, la cámara hace mucho más que poner un marco alrededor de la escena: modifica sustancialmente lo que tiene delante. Pero ¿cómo se produce esta modificación? Muy sencillo: como la pantalla de televisión aísla totalmente a los sujetos de su entorno, el espectador no puede ver lo que hay más allá de ellos. Para colmo, la imagen que se obtiene es plana, y esto hace que sea capaz de generar relaciones entre los elementos que aparecen, relaciones que no están presentes en la escena original.

El rectángulo que aparece en el visor selecciona la distancia y el ángulo de visión de la imagen grabada

A través del encuadre se puede seleccionar la distancia y el ángulo de visión entre la cámara y lo que se quiere filmar. Estará de acuerdo conmigo en que no es lo mismo filmar una silla que está a un metro de la cámara, que hacerlo cuando está a cuarenta metros. Y no es lo mismo porque la silla que aparece en el visor será más pe-

Primera toma del conjunto final que integrará el episodio de grabación de estos amigos y su jornada de ocio.

queña cuanto más alejada esté de la cámara. Tanto si la cámara se acerca como si se aleja, es decir, si alteramos la distancia, lo que estamos haciendo es cambiar el encuadre, porque la silla se verá de diferente manera y rodeada de más o menos espacio alrededor.

Lo mismo ocurre con el ángulo de filmación. Si en el visor tenemos la silla de lado, la veremos de forma diferente que si la tomamos desde arriba. Podemos decir que el ángulo de la cámara respecto a la silla también transforma el encuadre.

De lo que hemos dicho se deduce que las posibilidades de encuadrar son infinitas. Claro, las posibilidades de colocar una cámara delante de una silla son infinitas, y un cambio en la posición de cualquiera de las dos hará cambiar la imagen que aparece en el visor, es decir, el encuadre. Esto es muy importante, porque una silla siempre es una silla, pero hay formas de mirarla que la pueden hacer parecer más grande o más pequeña, más bonita o más fea, más atractiva... «En este mundo traidor nada es verdad ni es

Encuadre elegido para destacar la imagen frontal femenina en primer plano.

mentira. Todo depende del color del cristal con que se mira.» Y, de la misma manera, todo depende de cómo se encuadre.

Haga la prueba con el libro que está leyendo. Primero, cierre un ojo. Sí, no se ponga así, hágame caso... Esto de cerrar un ojo lo hacen la mayoría de los directores de cine y realizadores de televisión, así que ¿por qué no lo va a hacer usted? Cuando cerramos un ojo, vemos todo en dos dimensiones, igual que hace la cámara de vídeo. Bien. ¿Tiene el ojo cerrado? Pues, ahora, mueva el libro que tiene en la mano de todas las maneras que se le ocurran. ¿Se da cuenta de que, aunque el libro es el mismo, hay formas de mirarlo que hacen que parezca distinto? Fíjese, por ejemplo, en el libro que se ve cuando lo ponemos totalmente de canto: aparece una raya gorda, ¿verdad? Este libro es muy diferente al que se ve con la portada hacia nosotros. ¡Y lo único que hemos hecho es cambiar el punto de vista!

Pero, sigamos. Esta infinidad de posibilidades obliga a tener que decidir en cada momento cuál es el encuadre que mejor se adapta a lo que se quiere contar, cuál es el punto de vista desde el que voy a filmar el motivo o la acción.

Y ahora voy a poner un ejemplo con el que espero que se entienda la importancia de seleccionar el punto de vista. Un hombre va a una ciudad que le gusta mucho. Es aficionado al vídeo y nunca viaja sin su cámara. Quiere llevarse un recuerdo muy agradable de esta ciudad y se dedica a filmar los edificios más hermosos, las calles más limpias y los lugares de ambiente tranquilo, que son los que más le gustan.

Ahora, imagínese a otra persona que va a la misma ciudad el mismo día. Pero

▲ *Foto superior, ejemplo de mal encuadre.*

▼ *Foto inferior, ejemplo de buen encuadre.*

a este segundo personaje no le ha gustado nada la ciudad. Por razones que no son de contar o simplemente porque ni ha visitado lo más interesante ni ha encontrado sus ocultos encantos, su estancia no es como la había planeado. Así que decide que, al volver a casa, va a contarle a todo el mundo que esta ciudad no le ha gustado nada. Aprovechando que se ha llevado su cámara de vídeo, se dedica a filmar los edificios más feos, las calles más sucias, los desconchones en las paredes y los lugares de ambiente más sórdido.

El encuadre sirve para elegir el punto de vista que mejor se adapta a cada filmación

¡Exacto! Cada uno ha encuadrado lo que más le convenía para contar su historia. Ninguno de los dos ha cambiado la realidad de la ciudad que ha visitado, sino que los dos se han limitado a tomar una decisión a la hora de seleccionar los encuadres de la ciudad.

Algunos pensarán que hemos hecho trampas al ponerles este ejemplo. Pero ¿qué hacemos si no al filmar la fachada de una iglesia? ¿No elegimos el punto de vista desde el que mejor se ve? Y, si nos gusta, la sacaremos bonita. Pero, si lo que nos llama la atención es algún detalle desagradable, lo destacaremos por medio del encuadre, para recordarlo cuando lo veamos al llegar a casa.

RECUERDA...

• Antes de apretar su botón de REC y empezar a grabar, asegúrese de que el encuadre que ha elegido, de los infinitos encuadres que puede elegir, es el que más conviene a la historia que quiere contar.

El encuadre que utilice conseguirá atraer la atención de su público sobre algo concreto. Y, cuanto más concreto sea, mejor.

Imagínese ahora que graba el vídeo de la boda de un amigo. ¿Puede intentar pensar en el disgusto de los novios si se limita a encuadrar exclusivamente a una chica guapa que iba de invitada, porque le ha gustado mucho? En este caso, aunque le guste más la chica (o el chico) que los novios, lo importante es quedar bien y hacer un esfuerzo de concentración en la ceremonia. Pero esto sólo es un consejo...

LA COMPOSICIÓN

Parece que ya sabemos lo que es un encuadre, ¿no? Pues ahora nos falta aprender a encuadrar con una cierta armonía. A esta armonía del encuadre se le llama composición y tiene mucho que ver con la pintura del siglo XV, porque es su heredera. Desde entonces hasta ahora, las normas que rigen la composición han cambiado muy poco.

El estudio de la composición ayudará a crear imágenes más atractivas y con significado, que capten la atención de la audiencia y que influyan sobre su manera de sentir. Como la intención al hacer una película es (o debería ser) comunicar algo, lo primero que tenemos que buscar es la sencillez, para comunicar mejor. En la composición en vídeo también tenderemos a la economía de medios y a la sencillez.

La imagen está llena de elementos que se pueden ordenar. Por ejemplo, la imagen de una puesta de sol tendrá dos elementos fundamentales: el horizonte y el sol. El horizonte es una línea horizontal (al menos procuraremos que sea lo más horizontal posible) y el sol es un círculo más o menos grande.

Una vez dicho esto, definiremos la composición como la forma de ordenar los elementos que constituyen una imagen: la proporción y la distribución de líneas y masas, de personas o cosas dentro del encuadre.

Esta ordenación obedece a unas reglas universales, a unas normas. Si no se organizan las imágenes adecuadamente, la audiencia puede aburrirse con unas tomas poco atractivas, en las que no sepa muy bien dónde mirar. El encuadre sirve para «empaquetar» imágenes; la composición es un método para organizar la continuidad del pensamiento del espectador. Sirve para facilitar ese almacenamiento de recuerdos del que hablábamos al principio.

Hay que tener en cuenta que el vídeo está basado en imágenes en movimiento. Por eso, las leyes de composición en vídeo no son tan exhaustivas como las de la pintura. La mirada del espectador sobre la televisión es muy fugaz, los planos permanecen muy poco tiempo en pantalla y de manera sucesiva, y existen otros factores que llaman la atención del público. Por lo demás, existe un número mínimo de reglas que deben conocerse. Eso sí, las reglas están para saltárselas, pero siempre con un criterio y después de haberlas aprendido y practicado.

El horizonte

En todo encuadre en el que aparezca el horizonte, hay que procurar que ocupe siempre el tercio superior o el inferior. Hay que evitar que el horizonte divida la pantalla en dos partes iguales. Decidirnos por el tercio superior o el inferior dependerá del protagonismo que queramos dar al cielo o al paisaje. Es fácil comprobar que, de esta forma, estamos empezan-

do a organizar la imagen dependiendo de lo que queremos contar.

Por ejemplo, si queremos destacar unas nubes que amenazan tormenta, el cielo ocupará la mayor parte del encuadre. Si, por el contrario, vamos a grabar una casita de campo, colocaremos la línea del horizonte por encima de la mitad de la pantalla, para que la tierra ocupe la mayor parte del cuadro y la casita destaque.

LAS DIAGONALES

Las diagonales acentúan el efecto de profundidad de una escena. Por eso son fundamentales para resaltar la perspectiva. La composición en diagonales es un recurso muy importante para romper la monotonía que producen las líneas paralelas.

Los edificios serán más atractivos si los encuadramos buscando sus diagonales que si los encuadramos totalmente de frente. También es recomendable que las cosas que crean muchas líneas paralelas, como verjas, líneas de postes, muros y demás, sean tomadas de tal forma que se acentúe su perspectiva de acuerdo con la composición en diagonal y, a ser posible, no se haga frontalmente.

Deben evitarse las composiciones en diagonal que producen cruces simétricos en el centro de la pantalla, o que la diagonal cruce el cuadro de punta a punta . En estos dos casos, se producirá un efecto

La chica de la imagen rompe la monotonía que crean las líneas paralelas del horizonte y la verja. El encuadre asimétrico destaca aún más la belleza de la joven.

El personaje

Este rostro está filmado de tres cuartos, por lo que se ha tenido en cuenta dejar el aire sobre la cabeza y dejar espacio de pantalla libre hacia el lado izquierdo, con el fin de dar mayor perspectiva a la mirada.

Si se cerrara el encuadre al personaje grabado no le quedaría espacio a su alrededor y el campo de visión se acotaría.

muy monótono, que es precisamente lo que se pretende evitar.

La composición sobre el personaje

Cuando se toma un plano medio o un primer plano de un personaje de frente, debe hacerse de tal modo que el límite superior del encuadre no corte la frente de éste.

También se evitará dejar demasiado espacio sobre su cabeza. Esto es lo que profesionalmente se denomina «dejar demasiado aire». Lo más conveniente es que las caras tengan aire por encima de la cabeza, pero de un modo proporcional, sin excesos.

Cuando el rostro no se filme de frente, sino de perfil o de tres cuartos, además de dejar el aire sobre su cabeza debe dejarse un espacio mayor de pantalla libre hacia el lado sobre el que el personaje dirija su mirada. Debemos evitar «cortar la mirada» del actor, es decir, debemos intentar dar perspectiva a la mirada.

Las líneas subjetivas

La mente es caprichosa, y tiende a buscar relaciones entre los elementos de una imagen, incluso aunque no exista ninguna. De esta forma, aparecen unas líneas de lectura subjetivas que dejan claras estas relaciones. No se sabe muy bien qué provoca estas líneas, pero parece ser que el hábito de lectura influye considerablemente, es decir, que cuando vemos una imagen la «leemos» de izquierda a derecha y de arriba hacia abajo, como cuando leemos un libro.

Las líneas subjetivas marcan las relaciones entre los elementos de una imagen

Como ejemplo para ver cómo se forman estas líneas puede servir la mirada de un personaje. Automáticamente, el espectador creará una línea recta «mental» en la misma dirección que la mirada.

Ahora piense en un plano en el que se ve a dos personas sentadas juntas, en silencio y mirando al frente. No se miran entre sí, no se hablan… Simplemente están juntas. A pesar de no tener ninguna relación, en nuestra cabeza se creará una línea recta entre ellas.

Compruebe este efecto por sí mismo en las fotografías que encuentre en el periódico de hoy. Verá cómo empiezan a aparecer un montón de líneas que antes no veía. Si es así, si estas líneas se le aparecen nítidas, la cosa empieza a marchar…

La regla de los tercios

Al componer un plano se debe evitar siempre dividir la pantalla en dos partes iguales, ya sea horizontal o verticalmente. Una imagen cortada en mitades o en cuartos provoca habitualmente un equilibrio monótono o tedioso.

Así surgió hace siglos la regla de los tercios, que consiste en lo siguiente:

• Se trazan tres líneas horizontales y tres verticales que dividan el lienzo (la pantalla) en nueve partes iguales.

• A partir de ahí, esa regla establece que los sujetos principales deben situarse en la intersección de estas líneas, que son los vértices del cuadrado que queda en el centro.

Parece muy complicado, pero coja un papel y un bolígrafo y haga estas secciones que dicta la regla de los tercios. Los artistas descubrieron así un principio ampliamente aceptado. Este principio da proporción y armonía a la composición. Grandes pintores, escultores y arquitectos han usado esta regla de muchas maneras, incluso inconscientemente, al crear sus obras y expresar su concepto de belleza.

El equilibrio

El equilibrio de la imagen es un elemento muy importante. En general, debemos tender a producir composiciones equilibradas. Pero, ¿en qué consiste este equilibrio? En gran medida, es una cuestión intuitiva, en donde se combinan cuatro factores: el tamaño y la posición de un sujeto dentro del encuadre, su contraste y la relación que se establece entre los elementos de la imagen.

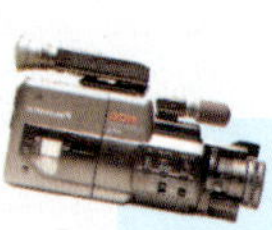

Los tonos oscuros situados en la parte inferior del encuadre producen sensación de estabilidad y solidez. Además, constituye una primera toma impactante.

RECUERDA...

· Tenga en cuenta la importancia de la línea del horizonte y su posición en la imagen.

· Tenga en cuenta la importancia de las líneas verticales y diagonales en la composición de la imagen. Tenga cuidado con las líneas fuertes y las líneas de lectura.

· Una imagen debe siempre tener un motivo principal y otros elementos ajenos o secundarios: el primer término y el fondo.

· Componer es ordenar los elementos de la imagen para encuadrar con armonía.

Planos descriptivos

Este plano descriptivo informa sobre el espacio y el ambiente nevado, a modo de decorado. El sujeto ocupa menos de un cuarto de la altura de la pantalla, por lo que el espacio predomina sobre él: es un Gran Plano General (G.P.G.).

Podemos citar 10 principios útiles que pueden servir de guía:

1. Un encuadre centrado es correcto, pero puede resultar aburrido.
2. A medida que un sujeto se desplaza desde el centro de la imagen, el plano se desequilibra progresivamente.
3. Este efecto de desequilibrio progresivo surge de forma más notoria si los objetos que se desplazan son más grandes y/o más oscuros. Y más todavía si van hacia la parte superior del encuadre.
4. El contraste influye en el peso visual. Los objetos más oscuros parecen más pesados que los objetos claros.
5. Un peso visual situado a un lado del encuadre necesitará un contrapeso que lo compense. Éste podría ser una masa parecida colocada en el lado opuesto del encuadre, que daría lugar al equilibrio simétrico, o una serie de pequeñas áreas que, en conjunto, contrarresten la zona principal.
6. Una pequeña área más oscura y ligeramente desplazada puede equilibrar otra más grande y más clara, que esté alejada del centro de la imagen.
7. Los tonos oscuros situados en la parte superior del encuadre producen un efecto de gran peso y de encierro deprimente. En la parte inferior del encuadre, sin embargo, producen un efecto de estabilidad y solidez.
8. Los elementos verticales influyen en el equilibrio más que los horizontales, aunque la sensación horizontal determina el equilibrio final del encuadre.
9. Los objetos con formas regulares pesan más que los irregulares.
10. Los colores cálidos (el naranja o el rojo) parecen más pesados que los fríos (el azul o el verde), y los fuertemente saturados son más pesados que los más oscuros.

Película usada en la filmación en cine.

La composición ayudará a crear imágenes más atractivas, que

capten la atención de la audiencia y que influyan sobre su manera de sentir. Tenderemos a la economía de medios y a la sencillez para comunicar mejor lo que queremos. También hay que decir que, de cuando en cuando, el uso de composiciones deliberadamente desequilibradas puede resultar interesante.

TAMAÑO DE PLANO

El concepto de tamaño de plano hace referencia a la porción de la figura humana que se ve en el plano. Según este criterio, vamos a ver el nombre que tienen los distintos encuadres respecto al tamaño del sujeto en la imagen.

Planos informativos o descriptivos

Los planos descriptivos sirven para enseñar lo que sucede en un espacio concreto. También sirven para informar del espacio en el que nos encontramos, así como el ambiente: llueve o hace sol, la hora aproximada del día, si es verano o invierno... Además, sirven para seguir una acción amplia. Si se mantienen mucho tiempo pueden privar al espectador de los detalles que está deseando ver.

Dentro de los planos descriptivos podemos destacar dos tipos: el Gran Plano General y el Plano General.

Gran Plano General (G.P.G.)

En el Gran Plano General el sujeto ocupa menos de un cuarto de la altura de la pantalla. En este plano predomina el espacio sobre el sujeto. En cine es un plano muy aceptable, pero en vídeo, a consecuencia del reducido tamaño de la pantalla, no resulta aconsejable. Se puede utilizar como plano de presentación y poco más. Como predomina el ambiente, el espectador desarrolla a menudo una actitud

Te interesa...

· Una película está compuesta siempre por imágenes cuya importancia en dimensiones varía constantemente durante la toma.

· Cada tamaño de plano tiene una función diferente a la hora de contar historias. La mejor manera de grabar es dando al espectador la información que quiere obtener en cada momento, y eso se consigue gracias a la planificación.

impersonal e imparcial frente a los personajes de la escena.

Dentro de este tipo de planos, podemos hablar del Plano de Conjunto, que abarca la visión completa de un lugar o decorado. Sirve para definir y situar todo el ambiente donde se desarrolla la acción.

Plano General (P.G.)

El Plano General tiene un carácter eminentemente informativo, pues contiene todos los elementos importantes de la escena. En este tipo de plano, el sujeto ocupa la tercera parte de la altura de la pantalla.

Para componerlo adecuadamente, el margen superior, entre la cabeza del sujeto y el encuadre, debe ser mayor que el margen inferior. Si ambos márgenes son iguales, dará la impresión de que el sujeto está suspendido en el plano. Ahora bien, si el margen superior es demasiado grande en comparación con el margen inferior, el plano quedará descompensado y desequilibrado.

Básicamente, se puede adoptar como norma general que el margen superior debe ser dos veces más grande que el mar-

Plano intermedio

En el plano intermedio los sujetos ocupan casi toda la altura de la pantalla y se deben dejar márgenes en los pies y la cabeza para no perder la sensación de profundidad.

gen inferior. Esta norma es válida siempre que el sujeto esté en el suelo. Si, por el contrario, queremos hacer un plano de un niño que se ha subido a un árbol, el margen inferior deberá ser más grande que el superior.

Asimismo, hay que tener en cuenta que cualquier objeto que haya por encima de la cabeza del sujeto que queremos grabar se convierte en un límite artificial del encuadre. Por lo tanto, hay que calcular el margen de espacio superior de acuerdo con él. Así, si queremos hacer un plano de una pareja que está debajo de un arco, debemos calcular el margen del espacio superior desde sus cabezas hasta el arco.

Planos narrativos

Los planos narrativos son los más adecuados para la grabación en vídeo. Son los planos que mejor sirven para contar historias, porque muestran los grupos de personajes, eliminando parte del decorado de alrededor, e informan de la acción que desempeñan los protagonistas. Podemos decir que los planos narrativos son el Plano General Intermedio, el Plano Americano y el Plano Medio.

Plano General Intermedio (P.G.I.)

En este plano, el sujeto ocupa casi toda la altura de la pantalla. Además, este plano permite establecer relaciones del sujeto con el espacio en que desarrolla su acción. Siempre que sea posible, hay que evitar que el extremo inferior del encuadre corte los pies del sujeto, así como que el extremo superior le corte parte de la cabeza. Cuando esto ocurre, la composi-

ción ofrece un aspecto muy deficiente. Debajo de los pies debe haber un margen de espacio, para proporcionarles un punto de apoyo.

En este tipo de plano, el sujeto es reconocible, pero no llegamos a apreciar sus rasgos faciales. Sirve para la presentación de todos los personajes que intervienen en una secuencia, como por ejemplo un grupo familiar.

Plano Americano (P.A.)

Cuando las personas no caben de cuerpo entero en el encuadre y éste corta sus piernas, generalmente sobre las rodillas, tendremos un Plano Americano. Se llama así porque en el cine de los Estados Unidos se empleó desde sus primeros tiempos. También se le puede llamar Plano de Tres Cuartos. Conviene mantener cierto margen espacial (aire) por encima de las cabezas, para no dar sensación de agobio. Se utiliza para presentar varios personajes al mismo tiempo.

Plano Medio (P.M.)

En el caso del Plano Medio, el personaje o los personajes aparecen en pantalla de medio cuerpo, es decir, desde la cintura hasta la cabeza. Es un encuadre especialmente útil cuando varios personajes sostienen una conversación entre sí o están efectuando una acción en conjunto, y queremos que aparezcan todos en pantalla. También resulta apropiado para realizar entrevistas o presentaciones. El rostro del sujeto es perfectamente reconocible y, a la vez, se encuentra relacionado con el espacio.

Planos expresivos

Son planos en los que el rostro del sujeto ocupa la mayor parte de la pantalla. Por tanto, son muy sugestivos y contribuyen a que el espectador pueda acceder a la psicología del sujeto. Este tipo de planos no tiene ningún valor en sí mismo, si no los acompañamos de los planos descriptivos y narrativos.

Si se mantienen durante mucho tiempo, pueden llegar a ser muy restrictivos, porque impiden que el espectador ubique la escena en un espacio, que vea a los demás actores, que observe la acción en general, o que se fije en otros aspectos del sujeto. Desempeñan exactamente el mismo papel que el adjetivo y el adverbio con relación al nombre. Valga como ejemplo la expresión siguiente: Una niña. Una niña guapa. Una niña muy guapa.

Es evidente que las palabras guapa y muy, por separado, no tienen ningún valor descriptivo. Pero unidas al nombre niña adquieren toda su fuerza expresiva y proporcionan una idea exacta de lo que se quiere expresar.

Podemos decir que los planos expresivos son, de mayor a menor, el Primer Plano y el Gran Primer Plano.

Primer Plano (P.P.)

Reproduce al personaje a la altura del pecho o de los hombros hasta la cabeza; ésta domina sobre lo que le rodea. En este tipo de planos, el espectador puede meterse en la psicología del personaje. Es muy empleado cuando aparece un sujeto que tiene que hablar o que va a decir algo importante. Resulta ideal para expresar sentimientos, emociones o pensamientos.

Gran Primer Plano (G.P.P.)

Es el plano que se obtiene acercando la cámara al sujeto hasta que el rostro del actor, desde la frente a la barbilla, ocupa todo el cuadro. El Gran Primer Plano acentúa la expresión de un rostro a expensas de la acción. Es muy útil en relatos psicológicos y en la definición de personajes. Nunca, bajo ningún concepto, se cortará al sujeto a la altura de la boca, porque el efecto que produce es muy desagradable.

Existe una variación del Gran Primer Plano, que se suele denominar Primerísimo Primer Plano (P.P.P.), y que reproduce sólo una parte del cuerpo humano para acentuar un detalle: los ojos, la boca... Este tipo de planos produce un efecto de impacto visual.

LA POSICIÓN DE LA CÁMARA

Ya hemos dicho que la cámara puede situarse en cualquier posición. Pero lo normal es que la cámara esté situada horizontalmente y elevada sobre el suelo a la altura de los ojos de la persona que se va a filmar. Se tiene así una imagen muy parecida a la visión humana y, al mismo tiempo, la presencia de la cámara pasa inadvertida desde el punto de vista del espectador.

Cuando la cámara se hace evidente puede ser por dos razones: o bien porque el espectador se está mareando con angulaciones extrañas, movimientos permanentes, desenfoques y demás, o bien porque queremos que se note para contar alguna historia, y entonces trataremos de hacerla notar.

Subiendo o bajando el ángulo de dirección de la cámara respecto a la altura de los ojos se logran encuadres que modificarán su valor expresivo. Cada vez que va-

riamos el ángulo de la cámara, el espectador cambiará su actitud hacia lo que ve. Aunque en principio parezca extraño, el ángulo desde el que se hace una toma influye considerable en el espectador. Y ahora veremos brevemente todas estas posibilidades.

Planos Picados

Cuando la cámara se sitúa por encima del personaje y le graba desde una posición elevada, puede parecer que se coloca más o menos en la posición de una persona que se inclina hacia abajo para mirar, dominando el espectáculo. Cuando esto ocurre, decimos que el ángulo de la toma de vista es de arriba hacia abajo, y se le denomina plano picado.

Los planos picados tienen un valor expresivo por sí mismos: dan al espectador un sentido de fuerza y superioridad respecto a la imagen que están viendo, incluso un sentido de condes-

Te interesa...

· En la mayoría de los casos, los planos deben grabarse con la cámara a la altura de los ojos de la persona filmada.

·Cualquier variación de esta posición deberá estar justificada por lo que ocurre delante de la cámara.

Planos

En la imagen de la izquierda observamos un plano contrapicado, es decir, grabado de abajo hacia arriba. A la derecha, vemos el caso contrario: un plano picado donde la cámara graba por encima del objeto.

cendencia. Esta impresión aumenta con la distancia: cuanto más lejos esté la cámara, más se acentúa esta sensación.

Por consiguiente, estas tomas se pueden utilizar para quitar importancia al sujeto grabado, e implica inferioridad o impotencia. Aplastan al individuo filmado, que queda como empequeñecido, minusvalorado, pierde importancia y presencia.

Voy a poner un ejemplo del cine, donde se puede apreciar muy claramente esta impresión, aunque no se haya visto la película. ¿Conoce «Solo ante el peligro»? Es una película de vaqueros en la que el sheriff, que es el bueno, tiene que enfrentarse con una banda de malos. El pueblecito en el que se desarrolla la acción da la espalda al protagonista, pero le exigen que ponga fin a la situación que se está viviendo, es decir, que acabe con los malos. Total, que el director, en un momento de la película, para acentuar la soledad del protagonista… ¡¡hace un plano picado situando la cámara muy lejos del suelo, de tal forma que veamos al sheriff muy pequeñito, allá abajo!! La sensación de impotencia del personaje es total, pero no sólo por lo que nos cuenta el guión, sino por la forma de planificar esa escena, por el lugar donde el director coloca la cámara y el tipo de plano. Esa sensación es muy importante para identificarnos con el personaje, débil, solo, pequeño. Y es que la película no sólo la cuenta un guión, sino también las posiciones de cámara.

Planos Contrapicados

Es la opción contraria al picado, y consiste en colocar la cámara más baja que el

Primerísimo Primer Plano (P.P.P.) que reproduce sólo una parte del objeto a grabar para generar un efecto de impacto visual.

personaje, es decir, es el plano que se graba de abajo hacia arriba. Es la posición de una persona que levanta la cabeza para examinar algo que le interesa. Es el caso de un turista situado al pie de la torre Eiffel, en París: el monumento le parece majestuoso y dominador.

Por lo tanto, este plano se utiliza expresivamente para señalar las características dominantes de un personaje. Las tomas contrapicadas hacen que los sujetos parezcan más fuertes, más importantes y poderosos, incluso más extraños o siniestros. En una toma muy contrapicada, el sujeto cobra una apariencia extrañamente deforme e incluso mística.

Me voy a permitir poner otro ejemplo de cine, porque también demuestra la expresividad del contrapicado. ¿Le suena «Parque Jurásico»? Es una película donde los dinosaurios cobran vida a finales del siglo XX. Ya se pueden imaginar el desorden que se organiza, con todos esos animales corriendo por un parque de atracciones... En un momento de la película, un dinosaurio enorme ataca a un par de coches que están haciendo el recorrido de prueba del parque. En uno de los coches hay dos niños. Pues bien: durante toda la secuencia, el director decide colocar la cámara a la altura del punto de vista de los niños, que es más bajo que el de los adultos y, por supuesto, mucho más bajo que el del dinosaurio.

De esta forma, toda la secuencia adquiere una dimensión aterradora, porque el dinosaurio es un monstruo enorme, cuyo poder, majestuosidad, peligro y fortaleza se acentúan mostrándole mediante un montón de planos contrapicados. Además, los adultos también se ven desde abajo, por lo que enseguida nos sentimos en la piel de los niños. Y, por supuesto, estos planos se combinan con puntos de vista del animal, es decir, con una serie de picados que actúan como hemos dicho antes... Así que tenemos a los protagonistas más pequeños y al dinosaurio más grande... ¡¡Terrorífico!! ¿Puede imaginarse ahora una secuencia parecida colocando la cámara a una altura media? La historia sería la misma, pero, evidentemente, cambiaría la percepción que tenemos de lo que ocurre. Todo sería más objetivo y al cobrar objetividad, perdería una importante componente emocional: no terminaríamos de identificarnos con ninguno de los personajes.

Ahora dejémonos de superproducciones y bajemos a la realidad de su cámara de vídeo. Si se encuentra con una estatua, por ejemplo, y quiere hacerle una toma en la que aparezca dominante, imponente, la

realizaremos con un plano contrapicado, es decir, de abajo hacia arriba. En cambio, si queremos que pierda vitalidad y significado, haremos un picado, esto es, buscaremos un sitio desde donde poder grabar la estatua de arriba hacia abajo.

Ángulos de cámara extremos

Las tomas con ángulos extremos tienen el inconveniente de atraer la atención del espectador hacia la irregularidad de la posición de la cámara. Es lo que comentábamos antes. Se corre el riesgo de conseguir que el espectador se pregunte cómo hemos conseguido el plano, en vez de estar atento a lo que se está contando. Pero, a veces, es un golpe de efecto que puede resultar interesante.

Cuando los ángulos extremos surgen de modo natural, el espectador los acepta enseguida. Si se mira a través de una ventana abierta, o si la cámara se dirige hacia arriba desde una posición sentada, o incluso si se hace un plano a través de las maderas de un puente hacia el río que se pierde debajo de nuestros pies, el espectador lo acepta bien. Pero si el ángulo extremo no tiene explicación, se convierte en una proeza visual y deja de tener sentido.

La cámara inclinada

Respecto a su eje vertical, la cámara suele permanecer inamovible. Pero, sobre todo dentro de una poética expresionista, muy aceptada en publicidad, puede emplearse el recurso de filmar con la cámara inclinada.

Este recurso aporta una variedad de encuadre que no está de más conocer y probar. Por ejemplo, puede servirnos para romper la monotonía de las líneas geométricas, excesivamente frías. Si tiene que grabar un paseo delante de una valla, llena de líneas horizontales y verticales, puede probar a inclinar un poco la cámara. De esta forma, el paseo parecerá menos aburrido.

Eso sí, hay que avisar que este tipo de tomas son muy arriesgadas. Por eso conviene estudiar el encuadre antes de proceder a la grabación, para asegurarse de que el efecto conseguido es el que se pretende. Estas tomas requieren un criterio de aplicación muy riguroso, porque equivocarse en un plano de este tipo provocará gritos de incomprensión en el espectador.

Ángulos extremos

La toma con ángulos extremos atrae la atención del espectador hacia la irregularidad de la posición de la cámara.

Capítulo 4

Trucos para el movimiento

El antecedente del vídeo es la televisión; de ésta, el cine, y del cine, la fotografía. Contrariamente a las imágenes en movimiento, la fotografía se expresa a través de la congelación de las acciones. Pero en cine, televisión y vídeo los profesionales buscan la mayor expresividad en el estudio, observación y desarrollo del movimiento. El vídeo es, en esencia, un medio de expresión a través del movimiento, y esto es lo que le diferencia de la fotografía. El movimiento constituye un concepto básico dentro de la dinámica del vídeo.

Los temas que normalmente se graban suelen estar animados. Además, la cámara, en sí misma, es un artilugio capaz de moverse. De esto podemos deducir que el movimiento en vídeo puede basarse tanto en la acción propia de los personajes u objetos del tema filmado como en el desplazamiento de la cámara, así como en la adecuada combinación de estos dos elementos.

El movimiento de la cámara

En nuestra vida cotidiana respondemos a determinadas situaciones haciendo una serie de gestos o movimientos particulares. A menudo, estas acciones y reacciones están estrechamente relacionadas: miramos a nuestro alrededor con curiosidad, nos movemos para examinar un objeto, apartamos y volvemos la mirada ante una situación que nos parece embarazosa, de mal gusto o aburrida, seguimos a alguien con la mirada...

Por lo tanto, no es extraño descubrir que ciertos movimientos de la cámara pueden originar en el espectador respuestas o sensaciones respecto a lo que ven en pantalla. Como hemos visto, la historia se cuenta con el guión, pero también con la información que da la cámara.

PANORÁMICAS

La palabra panorámica procede de «panorama», que viene del griego y significa algo así como «todo lo que se ve». De ahí pasó a ser un paisaje de gran extensión que el hombre no puede abarcar de una ojeada, lo que le obliga a girar la cabeza en uno u otro sentido para percibir la totalidad.

Partiendo de esta definición, un tanto particular, podemos explicar razonablemente la maniobra que cualquier aficionado al vídeo intentará delante de ese mismo paisaje para hacerlo entrar en el encuadre. Sin moverse del sitio, la reacción normal de cualquiera será «barrer» una porción más o menos importante del horizonte, para hacer desfilar en la pantalla parte a parte el paisaje, que posteriormente será vista por un espectador, que se creará una cierta impresión de continuidad.

Es importante dejar claro que en la panorámica la cámara no se mueve de su eje, es decir, que no llega a haber un desplazamiento. En la panorámica la cámara permanece fija y únicamente gira en vertical o en horizontal.

El movimiento en vídeo se puede basar en la acción de los personajes filmados y en el desplazamiento de la cámara, o en la perfecta combinación de ambos.

Es el movimiento más natural. Instintivamente, la primera vez que se tiene una cámara en la mano, lo primero que se hace es mirar por el visor y pasearlo por todas partes, de derecha a izquierda, de arriba hacia abajo, para ir descubriendo lo que muestra. Por desgracia, esa costumbre innata y desastrosa se conserva y en cuanto el aficionado se hace con una cámara, no podrá dejar de grabar todo lo que encuentra a su paso moviendo la cámara por todas partes, obteniendo así sus primeras imágenes como operador de vídeo.

Por supuesto, no hay nada más nefasto para el principiante que este movimiento imparable, que corresponde a un deseo irracional de registrar el máximo número de planos, de querer abarcar todo lo que se ve a través del visor del nuevo juguete. Y, si tiene un poco de sentido crítico, se dará cuenta de su lamentable error en cuanto convoque a todos sus amigos y familiares para ver su ópera prima: en la pantalla de televisión empezarán a desfilar una sucesión infinita de imágenes agitadas por un movimiento desordenado y total. Por supuesto, los amigos y la familia no serán capaces de entender nada, porque el ojo será capaz de ver muy poco y la memoria no será capaz de recordar ninguna cosa. Y, al cabo de unos minutos, el espectáculo será insoportable por la fatiga y los mareos producidos por tantas imágenes sin sentido. Eso sí, este momento antológico puede convertirse en una verdadera prueba para medir la amistad de los que nos rodean, y podemos estar seguros de que todo el que la pase lo hace porque nos aprecia.

Así que, lo más probable es que, después de haber depositado tantas esperanzas en esta primera cinta, tengamos la tentación de tirar la cámara a la basura y terminar de una vez por todas con esto del vídeo. Pero no hay que perder la calma. Esto le ha pasado a todo el mundo.

• El truco para hacer una buena panorámica es hacerla suavemente, sin entrar bruscamente en la acción ni interrumpir en seco el movimiento.

• Si la panorámica no es firme, sino temblorosa, puede llegar a ser irritante (re-

Para grabar esta panorámica la cámara permaneció fija en su eje y sólo se movió en horizontal.

cuerde siempre a sus pobres amigos que tendrán que ver la cinta).

• Si utiliza un ángulo de objetivo muy estrecho, es decir, si tiene metido el zoom a tope, es más fácil que aparezcan temblores, y que la panorámica esté llena de tirones. Para evitarlo, el truco consiste en utilizar la focal más corta del objetivo zoom, la que nos permita abarcar un mayor campo de visión. De esta forma, los tirones de cámara y las vibraciones del pulso pasarán prácticamente inadvertidas.

• La panorámica proporciona una sensación de espacio. Por eso se deben evitar las panorámicas sobre zonas sin interés, como por ejemplo el espacio «muerto» que hay entre dos personas alejadas, en el que no vamos a encontrar nada.

• El encuadre inicial y el final deben ser atractivos. Y, de estos dos encuadres, el final debe ser más atractivo que el inicial. Lo ideal es arrancar la toma con el cuadro detenido, contar hasta tres, iniciar la panorámica y terminar el movimiento en el encuadre que hayamos decidido. En ese momento debemos volver a contar hasta tres antes de parar la grabación. También podemos dejar grabando todo el tiempo que estimemos oportuno.

TE INTERESA...

• Debe tener conciencia de que la panorámica es, a la vez, el mejor y el peor de los movimientos.

• El mejor, si está justificada y la realiza correctamente, sin prisas y sin tirones.

• El peor, si es innecesaria, muy rápida o desordenada.

• Por último, en ningún caso la cámara debe volver hacia atrás en el curso de una panorámica. Eso da siempre una impresión muy poco favorable del operador. Sólo podemos hacer una excepción: para buscar algún efecto cómico. Por ejemplo, un buen día vamos andando por la calle y aparece algo delante de nosotros que nos llama la atención, como un perro espantosamente feo que es igual que su amo. En ese momento, qué casualidad, llevamos la cámara en la mano y decimos: ¡qué divertido! Nos ponemos a preparar un efecto visual, que consiste en grabar una panorámica recorriendo la calle, pasar por delante de la pareja canina sin detenernos, como por encima, y, cuando los hayamos superado, volver hacia atrás rápidamente para detenernos en ellos un buen rato. Eso llamará la atención del espectador de manera suficiente y creará un contraste visual que, salvo estas excepciones, rara vez es adecuado.

PANORÁMICAS HORIZONTALES

Para grabar a dos personas alejadas, podemos hacer una panorámica horizontal que muestre el espacio que hay entre ellas. Otra forma de grabarlos sería con un plano de cada una de ellas, pero de esta forma no tendremos la misma sensación de continuidad espacial que nos da la panorámica; al hacerla, las partes intermedias se relacionan mejor, lo que proporciona una guía estupenda para orientarnos en el espacio.

Pero no debemos caer en la tentación de la panorámica constante, porque para lo único que sirve es para dar sensación de continuidad espacial. Si queremos proporcionar al espectador una visión de los detalles de una escena cualquiera, es mejor hacerlo por corte, mediante una aproximación progresiva como vimos en el capítulo dedicado al tamaño de los planos. La planificación es mucho más sugestiva. Ade-

más, como la panorámica es un movimiento lento, la sucesión de planos nos permitirá ahorrar tiempo y darle ritmo a la historia.

La panorámica horizontal de seguimiento

Este movimiento de cámara es el más común. Consiste sencillamente en que la cámara va girando sobre un eje fijo, a la vez que va siguiendo a una persona o a un objeto que se mueve. Este tipo de movimiento permite mostrar la relación que existe entre el sujeto y su entorno, siempre que el tamaño de plano lo permita. En caso de que el plano tenga un tamaño más corto, el fondo se convierte en algo accidental, a menudo borroso e indescifrable.

Este tipo de panorámica exige un esfuerzo constante para mantener el motivo que seguimos y que se encuentra bien centrado en el visor y a foco durante la toma. Sólo conseguiremos una panorámica interesante si el sujeto al que seguimos permanece bien encuadrado.

La panorámica horizontal de reconocimiento

La cámara hace un recorrido lento por el espacio para permitir al espectador que mire y se fije en los detalles.

Imagínese que llega a la cima de una montaña, desde donde se observa un paisaje encantador. Enseguida tendremos el deseo de inmortalizarlo con nuestra videocamara. ¿Qué podemos hacer para que, al llegar a casa, las imágenes nos produzcan un impacto visual parecido? Desde luego, no le recomiendo que, nada más llegar, sa-

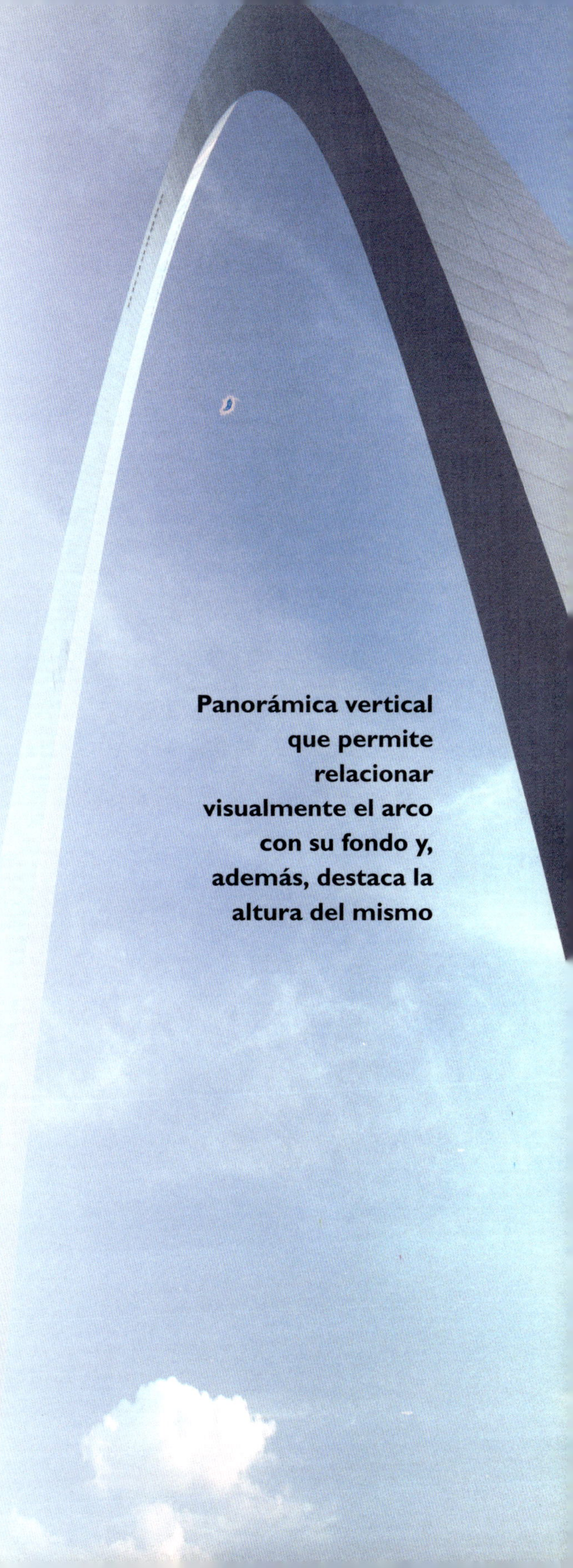

Panorámica vertical que permite relacionar visualmente el arco con su fondo y, además, destaca la altura del mismo

RECUERDA...

· Las mejores panorámicas, tanto horizontales como verticales, son las que están justificadas por la propia acción.

que su cámara y se ponga a grabar sin ton ni son.

Relájese y disfrute del paisaje en tres dimensiones y a todo color que le proporciona la naturaleza. Y luego, permítase el lujo de pensar tranquilamente, buscar un encuadre inicial y uno final, y ensayar sin filmar una o dos veces, para comprobar qué se ve a través de su visor en blanco y negro. Esto le evitará disgustos de última hora, y, teniendo en cuenta que el paisaje no se va a mover de allí, le permite tomarse todo el tiempo del mundo.

Si no dispone de trípode, deberá tomar algunas precauciones a la hora de hacer una panorámica: mantenga el cuerpo vertical, apoyándose sólidamente sobre los dos pies, separados y puestos en el plano del suelo y en dirección hacia el plano final. Una vez conseguida la postura, efectúe la panorámica moviendo toda la parte superior del tronco alrededor del eje de la columna vertebral. Por último, retenga la respiración durante el tiempo que dure la toma o, si no fuese posible, trate de respirar más suavemente.

La panorámica de reconocimiento puede ayudar a la creación de cierto dramatismo y mucha expectación. Imagínese que se encuentra con un anciano en la calle un día de tormenta. Está solo, quieto bajo una lluvia que le empapa completamente. Es de noche y, al fondo, hay una farola que produce una fuerte sombra en el suelo adoquinado, que brilla con el agua. Recorremos con la cámara la calle mojada, llegamos a la sombra del anciano y, por fin, a su imagen. Esta panorámica acentuará la idea de soledad.

Si la tomamos con un contrapicado, la sensación es más desoladora.

Otro ejemplo menos dramático puede ser una escena en la que estamos esperando a un amigo que llega de viaje. Nos encontramos de vacaciones en un pueblecito de la sierra, y nuestro amigo tiene que venir por la carretera. Se puede hacer una toma del grupo esperando y, a continuación, una panorámica en la que la cámara explora la carretera que se pierde en el horizonte. Por fin, llega un coche... ¿Será él?

VELOCIDAD DE LA PANORÁMICA HORIZONTAL

Cuando hacemos una panorámica lenta, podemos crear expectativas muy agradables o conseguir un resultado decepcionante, según cómo se haga. Si hacemos una panorámica lenta sobre una serie de objetos que nos vayan descubriendo cada vez más cosas interesantes, se conseguirá mantener la atención del espectador. Pero, si no encontramos ningún punto de interés en toda la panorámica y, además, es insoportablemente lenta, la cosa se puede poner muy aburrida. Por otra parte, si la panorámica es demasiado rápida, conseguiremos que el espectador no vea absolutamente nada. Lo único que tendremos será un montón de imágenes confusas desfilando a toda velocidad por la pantalla de la televisión.

Panorámica vertical usada para acentuar la inmensidad de las montañas.

Para calcular la velocidad adecuada, el truco es ir mencionando mentalmente lo que queremos que se vea a medida que hacemos el movimiento. Esto dará tiempo

para ver posteriormente lo que se ha grabado. También conviene tener en cuenta que la velocidad, sea rápida o lenta, debe ser siempre constante.

PANORÁMICAS VERTICALES

La panorámica vertical también permite relacionar visualmente a sujetos o áreas separados. Podemos utilizar esta técnica para acentuar la altura o la profundidad. Por ejemplo, podemos hacer una panorámica desde el montañero hacia la ladera de la montaña que todavía le queda por ascender.

También nos permite indicar relaciones. Esto sucede, por ejemplo, cuando tomamos el plano de una madre que está en la ventana, y hacemos una panorámica picando hacia el niño que juega al fútbol en el campo que hay debajo de su casa. Al contrario, podemos empezar desde abajo, con el niño, y contrapicar hacia la ventana donde la madre vela por la seguridad de su hijo.

La panorámica vertical hacia arriba, por lo general, crea una impresión de aumento de interés, emoción, esperanza, expectación. Es un movimiento optimista, alegre. Por el contrario, la panorámica descendente se relaciona con una disminución de interés y emoción, decepción, tristeza...

En la práctica no debemos preguntarnos para qué sirve cada toma y qué impresión va a provocar en el espectador, porque es una cosa más intuitiva, y la experiencia nos dará la seguridad de saber qué sensación queremos provocar y cómo conseguirlo. Lo más importante de todo esto es que tome conciencia de que, por medio del encuadre y del movimiento, se está generando, queramos o no, una información que cualquier espectador va a interpretar, de manera consciente o inconsciente. Si se dedica a ver la tele desde esta perspectiva, aprenderá mucho de la publicidad y de las películas.

La panorámica horizontal puede alcanzar los 360 grados, es decir, se puede producir un giro total de la cámara sobre su eje vertical. La vertical, en cambio, está limitada a un cierto ángulo, pues es imposible que la cámara gire verticalmente sobre sí misma.

Incluso desde el punto de vista expresivo, este tipo de panorámica sería inútil, porque llegaría un momento en que la cámara se pondría boca abajo, ofreciendo

TE INTERESA...

· Cuando un sujeto se mueve, la cámara tiene dos posibilidades:

· Permanecer fija, lo que permitirá realizar los ajustes necesarios.

· Moverse junto con el sujeto, acentuando la sensación del movimiento de éste.

una visión invertida de la realidad. Vamos, que lo que se pretende con una panorámica es imitar las posibilidades y el alcance del campo visual de una persona, y en este caso lo normal es un giro hacia un lado u otro de la cabeza, o bien hacia arriba o hacia abajo, dentro de unos límites razonables.

Puede darse un tipo especial de panorámicas en donde se combinen una panorámica horizontal y una vertical. A esta panorámica la llamamos oblicua.

SUJETOS EN MOVIMIENTO

En caso de que el motivo que vamos a grabar se mueva delante de nosotros, existen dos posibilidades, dependiendo de que la cámara se mueva o no.

PRIMER CASO: LA CÁMARA FIJA Y EL SUJETO EN MOVIMIENTO

En la primera de estas dos posibilidades, la cámara permanece inmóvil. Frente a ella, unos personajes u objetos se mueven. En los orígenes del cine, este tipo de toma era prácticamente el único utilizado. La cámara se colocaba sobre el trípode, fija, frente a un decorado. Los personajes entraban y salían de la zona de encuadre, según lo exigía la acción, como si se tratara del escenario de un teatro.

Los sujetos en movimiento se pueden filmar con cámara fija o móvil

Hoy, aunque existen muchas más posibilidades, la toma fija sigue teniendo vali-

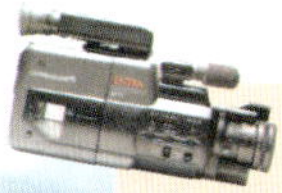

El esquiador sale de la zona de enfoque cuando lo exige la acción, ya que la cámara permanece inmóvil.

dez. La posición fija de la cámara permite ajustar y componer el encuadre con gran precisión. Y en caso de que iluminemos artificialmente, nos ayudará a valorar y compensar adecuadamente la distribución de las luces.

Cuando se graba a un sujeto que se mueve dentro del encuadre, debemos tener en cuenta que la iluminación, natural o artificial, prevea todos sus desplazamientos. En la medida de lo posible, se procederá a pequeños ensayos de movimiento, siempre que éstos no interfieran en la frescura de la escena. Además de ajustar la iluminación, los ensayos nos permitirán comprobar que, efectivamente, el sujeto está siempre a foco.

Segundo caso: cámara y sujeto en movimiento

Esta circunstancia se da cuando, a un mismo tiempo, la cámara y el sujeto se desplazan en el espacio. Por ejemplo, cuando se filma a una persona andando, que es seguida con una panorámica. En este caso, el movimiento relativo entre la cámara y el sujeto es prácticamente nulo. Lo que se desplaza es el fondo del escenario. De este modo, se acentúa la sensación de movimiento e incluso de velocidad del individuo.

cinta para reproducir vídeo doméstico

Otro ejemplo: cuando se graba un vehículo en marcha desde la ventanilla de otro vehículo que circula en paralelo y a su misma velocidad. La imagen del vehículo filmado aparecerá prácticamente fija respecto al encuadre, pero el paisaje del fondo se desplazará a gran velocidad.

En otro caso, la cámara y el sujeto filmado se pueden mover en el espacio mediante el mismo artilugio mecánico, sobre el que se encuentran ubicados ambos durante la grabación. Esto ocurre cuando se graba el interior de un coche en marcha.

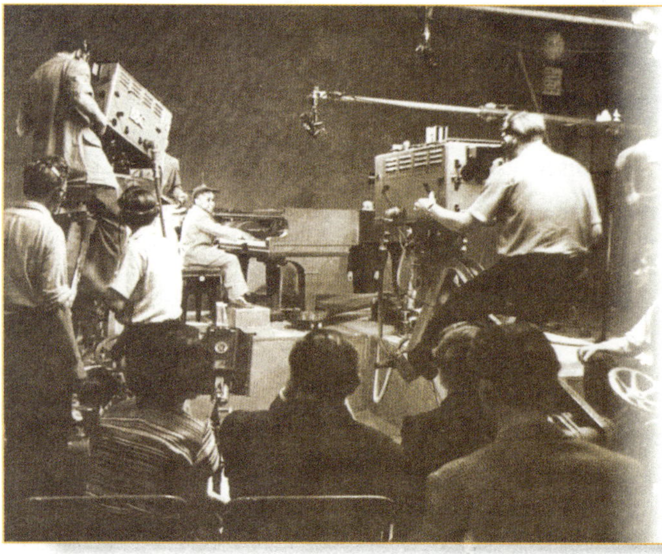

Televisión

Esta imagen en blanco y negro nos sitúa en los inicios de la televisión.

Los primeros estudios tenían los mismos elementos que uno de vídeo.

Con pocos recursos técnicos se intentaba atraer el interés de la audiencia por la imagen.

TE INTERESA...

Si quiere dar continuidad a sus filmaciones, tenga cuidado de no grabar situaciones inconexas que puedan despistar al espectador.

De cualquier manera, no vamos a hablar más de este tipo de continuidad. En el siguiente capítulo nos centraremos en los raccords de movimiento y en los trucos para conseguirlo en sus grabaciones de vídeo.

En este caso, la cámara y el sujeto se desplazan al mismo tiempo. La toma será prácticamente fija, pero actor y cámara se desplazan por el espacio. La sensación de movimiento se acentuará por el desplazamiento del fondo que se percibe a través de la ventanilla del automóvil.

Pero veremos en el capítulo dedicado al travelling lo que sucede cuando la cámara se desplaza libremente por el espacio.

EL «RACCORD» (LA CONTINUIDAD)

Los personajes en acción se mueven dentro del encuadre según su propio criterio o según los movimientos marcados en los ensayos. Pero como una grabación no se compone de un solo plano, sino que la historia se va contando por la sucesión de planos, existen unos trucos para mantener una cierta apariencia de continuidad en los movimientos.

Seguro que al ver cualquier película por la televisión, a estas alturas del libro, ya se ha dado cuenta de que está llena de planos. Si no es así, permítame que le regañe: debería haberse dado cuenta.

El «raccord» consiste en mantener la continuidad de planos con armonía

Cada vez que ve un plano, tiene que imaginarse a todo un equipo detrás de la cámara: el director diciendo eso de «luces, cámara, acción», el director de fotografía mirando por el visor, los actores preparados para decir su frase, y toda la parafernalia de un rodaje. Imagínese que hacen varias tomas de cada plano, para luego seleccionar

en el montaje definitivo las que mejor queden. Piense en la cantidad de luces, los desplazamientos del equipo y el cambio de punto de vista de la cámara cada vez que se rueda otro plano. Y luego piense en la sensación de continuidad que todo eso le proporciona cuando ve una película.

Se dará cuenta enseguida de que los personajes no pueden moverse dentro del encuadre de cualquier modo, ni desaparecer y aparecer por el mismo lado, ni acercarse o alejarse de cualquier manera. En cine y en televisión, cada plano liga con el siguiente.

Pues bien, para mantener esta continuidad, existen varios trucos. La buena armonía y la conjuntada adecuación de movimientos de un plano y el siguiente, se conocen en cine, televisión y vídeo como *raccord* o continuidad.

El concepto de *raccord* no sólo se aplica al movimiento sino que, por extensión, se adjudica a otros factores de la puesta en escena: si aparece un personaje con corbata tocando un piano blanco, no puede aparecer en el plano siguiente tocando un piano negro (es que el blanco era un préstamo para hacer la película) y sin corbata (es que se le ha olvidado al actor). Esto es absolutamente inadmisible.

El truco para que esto no ocurra es prever las necesidades antes de empezar a grabar y estar concentrados para que los detalles de este tipo no estropeen el resultado final de la película.

DIRECCIONALIDAD

Imaginemos que un amigo suyo, que entrena un equipo de fútbol, se entera de que tiene una cámara de vídeo. Su amigo sabe, además, que ha decidido aprender a filmar como un profesional y le pide que le grabe

RECUERDA...

Si la persona a la que graba se mueve de izquierda a derecha siempre tendrá que moverse en la misma dirección, a no ser que sea ella quien la cambie, en cuyo caso debería moverse de derecha a izquierda en el encuadre

un vídeo de recuerdo de un entrenamiento, que desea regalar a uno de sus jugadores más veteranos que ha decidido retirarse.

Sus instrucciones son muy concretas: quiere imágenes de su evolución en el partidillo de entrenamiento. No le interesan los goles de los demás, ni jugadas aisladas. Sólo quiere al veterano.

Usted llega al entrenamiento con su cámara y se encuentra con dos equipos. Se coloca con la cámara en un lado del terreno de juego para empezar a grabar, de tal forma que el equipo verde ataca de izquierda a derecha, y el azul al contrario.

Su amigo le dice que nuestro veterano juega con los verdes y le señala quién es. Pues bien, a partir de este momento, nunca podrá cambiarse de lado del campo. Y cuando decimos «nunca» queremos decir «nunca». Puede buscar ángulos de cámara diferentes, correr con la cámara, desplazarse como quiera arriba y abajo del campo, subirse a las gradas, tirarse al suelo... Lo que quiera, pero siempre tiene que tener en cuenta que los verdes atacan de izquierda a derecha, y que su veterano va o viene según vaya o venga en su encuadre.

Supongamos que, como no confía nada en lo que le decimos, en un momento del entrenamiento decide pasarse al otro lado del campo. ¿Se imagina lo que pasaría? ¡¡Los verdes, de repente, atacarían de derecha a izquierda!!

El espectador pensaría: «¡Ah!, es que ha terminado la primera parte y han cambiado de campo, pero no me he enterado...» Pero no, sencillamente es que el operador no confiaba en nosotros y... ¡se le ocurrió «saltarse el eje», pasarse al otro lado del campo!

Alterar la dirección del movimiento de los personajes de la acción provocará inevitablemente despistes en el espectador, que se desorientará y perderá por completo la noción del espacio real que recorren los personajes. Por eso es tan importante que entienda que, para que el espectador se dé cuenta de la direccionalidad real del partido de entrenamiento de nuestro ejemplo, los jugadores deben atacar siempre hacia el mismo lado de su cámara. Y esto se hace extensible a todos los movimientos de los personajes que marquen una dirección en su desplazamiento, cualquiera que sea.

La cámara deberá seguir siempre la dirección de desplazamiento que marca el sujeto

ENTRADAS Y SALIDAS DE LA ESCENA

Otra duda que puede surgir a la hora de grabar a un personaje en movimiento es que no sepamos por dónde empezar. Por ejemplo, imagínese que está grabando a un chico montando en bicicleta. Para empezar a grabar, lo más práctico es dejar que el ciclista entre en cuadro, es decir, que entre en una escena vacía. Para terminar, puede dejar que el chico salga de la escena por el otro lado.

Imagínese ahora que este chico ha entrado en cuadro por la izquierda, cruza completamente por el plano y desaparece por la derecha. Si quiere volver a tomar un plano del muchacho, tiene que tener en cuenta tanto su direccionalidad como el lado de la cámara por el que ha desaparecido, porque tendrán una importancia fundamental para la sensación de continuidad en el movimiento. En este caso, la sensación de movimiento se producirá por la sucesión de los dos planos diferentes de la bicicleta.

Si quiere grabar de nuevo al niño ciclista que ha salido por la derecha, ¿qué puede hacer para lograr la sensación de continuidad? Nunca se deben grabar dos planos consecutivos en donde el personaje entra por el mismo lado que ha salido.

Es decir, si ha salido por la derecha, nunca debe entrar por la izquierda. De hacerlo así, parecerá que el niño de la bicicleta avanza sin sentido y dará una cierta impresión de caos. Además, el espectador perderá por enésima vez la noción del espacio real y de continuidad.

Cuando se trata de un personaje aislado, el truco es tan sencillo como eficaz: si en un plano el personaje desaparece por la izquierda de la pantalla, en el plano que va a continuación debe entrar por la derecha de cuadro. Y viceversa. El efecto que se produce de esta manera en el espectador es que cada encuadre recoge al sujeto en el punto en que lo dejó en el plano anterior,

El zoom

El zoom da un mayor dinamismo a la toma.

Gracias al zoom, en esta imagen se ha encuadrado al sujeto sin dejar de filmar y sin necesidad de mover la cámara.

manteniéndose de este modo la continuidad. Así, el niño de la bicicleta debe volver a entrar por la izquierda, puesto que ha salido por la derecha.

EL ZOOM

Anteriormente hicimos una pequeña introducción a los objetivos de focal variable. En ella dijimos que hablaríamos de las ventajas e inconvenientes del zoom.

VENTAJAS DEL ZOOM

Con el zoom se puede seleccionar de forma rápida cualquier ángulo de lente que se desee, en modo manual o automático, sin perder el objeto que grabamos. Podemos ajustar el ángulo de lente que queramos, para encuadrar un objeto sin mover para nada la cámara y sin dejar de filmar.

El ajuste del ángulo de la lente altera el tamaño de la imagen, simulando un movimiento de acercamiento o alejamiento de la cámara al sujeto. Para los objetos planos, como una fotografía, el resultado es el mismo que si acercásemos materialmente la cámara. Para objetos tridimensionales, el acercamiento es artificial, debido a que el fondo no se mueve, tal como ocurriría en la realidad.

Realizar una toma de zoom suave es mucho más fácil y cómodo que efectuar un acercamiento de la cámara, particularmente en distancias largas. Lo mismo ocurre con los cambios rápidos de plano. La toma con zoom puede crear un puente visual desde una vista muy amplia hasta un primer plano, sin el tiempo y el esfuerzo que exige esa misma toma si nos acercásemos físicamente con la cámara. Pero esta comodidad, que

La toma con zoom debe realizarse suavamente y resulta más cómodo que acercar la cámara al objeto o personaje a grabar

es una gran ventaja, se puede convertir en un grave inconveniente, porque hace que el zoom se utilice constantemente y de manera indiscriminada.

Desventajas del zoom

La utilización excesivamente fácil e indiscriminada del zoom da lugar a que la perspectiva pueda salir distorsionada. El zoom no es exactamente un movimiento de cámara: es una simulación del movimiento. No produce cambios en el desplazamiento del fondo de la imagen y se distorsionan la escala, la distancia y la forma. La imagen simplemente disminuye o se agranda. No aparecen ni desaparecen los planos del fondo de la imagen, ni varían las proporciones relativas. Por lo tanto, la perspectiva aparente cambia con el zoom, y se aplastan los objetos contra el fondo.

Además el zoom hace necesaria la utilización de un trípode, siempre que queramos trabajar con la distancia focal más larga. Es imposible realizar sin sacudidas un zoom in (el acercamiento a un objeto por

Plano tomado acercando al personaje por medio del zoom (zoom in).

medio del zoom), a menos que dispongamos de un pulso maravilloso o que tengamos la cámara apoyada en una superficie estable.

EL MOTOR ZOOM

Los objetivos de las cámaras de vídeo llevan incorporado un motor para mover el zoom. Este motor puede desactivarse para hacer la misma función en modo manual. Con el modo automático evitará sacudidas a la hora de hacer un zoom lento hacia un objeto. La regularidad que consigue es constante; la constancia es una de las virtudes del movimiento en vídeo.

En modo manual, conseguir que no haya tirones de zoom es muy difícil.

La velocidad del zoom puede regularse gracias al motor, de tal forma que se puedan conseguir varias velocidades apretando con más o menos fuerza el dispositivo automático.

Es conveniente usar el zoom manual para crear movimientos rápidos. La velocidad que se consigue en modo manual es mayor que la automática. Por ejemplo, en un partido de tenis, la utilización rápida del zoom ayudará a dar emoción a las tomas. Para ajustar el enfoque y el encuadre, siempre que queramos ganar tiempo, también podemos utilizar el zoom manual. Esta operación consigue un importante ahorro de baterías.

CÓMO USAR EL ZOOM CORRECTAMENTE

El truco fundamental para utilizar el zoom correctamente es utilizarlo con moderación. Todo plano con un zoom debe ser decisivo. Debe evitar los resultados mareantes que produce el zoom rítmico de distanciamiento y alejamiento sucesivos o los cambios rápidos y ligeros, que parecen errores del operador. No debe usar el zoom continuamente durante la grabación, a menos que pretenda conseguir que sus espectadores terminen mareados.

En segundo lugar, debe hacer la operación de preenfoque anticipado siempre que vaya a utilizar el zoom. La considerable profundidad de campo del gran angular de su objetivo, es decir, cuando el plano es más grande, amplía enormemente el margen del foco, de manera que el sujeto aparecerá nítido en cuadro aunque no esté enfocado a la distancia correcta.

TE INTERESA...

· El empleo del zoom hace muy interesante la utilización del trípode, fundamentalmente cuando se trata de obtener una imagen con la distancia focal más larga.

· Efectúe los movimientos del zoom sin sacudidas y sin parones.

· No abuse del zoom.

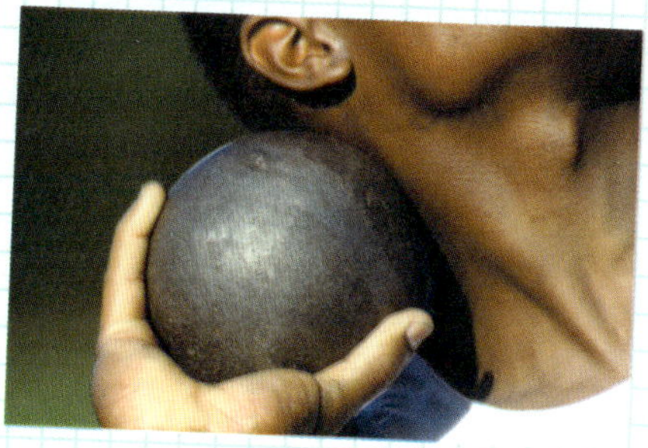

El travelling

El travelling produce un efecto muy parecido al de la tercera dimensión.

El travelling se realiza sobre raíles. La cámara puede moverse en cualquier dirección.

Sin embargo, si hacemos un acercamiento progresivo con el zoom, sin volver a enfocar, la profundidad de campo se irá haciendo cada vez más pequeña y el sujeto podrá caer fuera del margen de enfoque. Esto se evita enfocando, antes que nada, con el objetivo en su distancia focal más larga, es decir, con el zoom metido «a tope», tal como se explicó en el capítulo relativo al enfoque. De esta forma, podemos ir a cualquier tamaño de plano y siempre tendremos el sujeto a foco.

Al usar el zoom de aproximación, debe evitarse cortar la imagen

Si hacemos un zoom a la vez que una panorámica, el movimiento real de ésta ayudará a crear un movimiento interno del plano. Teniendo en cuenta que el zoom es sólo un desplazamiento aparente, daremos así un mayor dinamismo a la toma.

El acercamiento rápido del zoom, en modo manual, produce una visión altamente dramática del tema. Si se hace con un golpe rápido a la palanca del zoom, será instantáneo y conseguiremos lanzar el detalle del sujeto al espectador. Estos dos efectos pueden resultar fantásticos. Pero, si están mal hechos o fuera de lugar, pueden resultar totalmente inapropiados.

Las tomas de zoom sobre superficies planas nos evitan operaciones más complicadas. Por ejemplo, a la hora de grabar una fotografía puede recrearse en movimientos de acercamiento o alejamiento con el zoom, que resaltarán determinadas partes de la foto, además de darle cierta animación.

Al optar por el zoom de aproximación, debe procurar que el sujeto grabado esté siempre en el centro del encuadre. Eso le evitará algún sobrenombre, como «Monsieur Guillotín», famoso por sus decapitaciones, o «Doctor Tajo», rey de las amputaciones. Lo digo porque con el acercamiento se corre el riesgo de cortar parte de los sujetos que está grabando y parece que hay una especie de confabulación contra las cabezas y los hombros de los amigos...

En cuanto a la expresividad del zoom, el de acercamiento se utilizará siempre para dirigir la atención, aumentar la tensión, dar énfasis o restringir la cobertura del punto de vista.

El zoom de alejamiento tendrá el efecto contrario, logrando la apertura del punto de vista, con el consiguiente aumento del interés. Si no se satisfacen las expectativas, el movimiento será un fracaso y el espectador se decepcionará. A menudo, el zoom de alejamiento se utiliza para poner fin a una escena y devolver la calma a una acción.

EL TRAVELLING

El travelling es un aparato mecánico que se emplea para efectuar desplazamientos de la cámara respecto a su posición inicial. Por extensión, cualquiera que sea el movimiento de la cámara se le llama así.

Aunque profesionalmente este desplazamiento se efectúa sobre una plataforma que se desliza por unos raíles previamente instalados, podemos llamar travelling a los movimientos que hacemos con la cámara, acercándonos, alejándonos o desplazándonos alrededor de un objeto, con ella en la mano o sobre cualquier soporte.

Diferencias con otros movimientos

La diferencia más importante entre el travelling y la panorámica es que en ésta la cámara gira sobre su eje sin moverse del sitio, mientras que en el travelling existe un desplazamiento en el espacio. La cámara dispone de una libertad absoluta, ya que puede realizar tomas en cualquier dirección. El campo de acción del travelling es, pues, más extenso que el de la panorámica.

La diferencia fundamental entre el travelling y el zoom depende del desplazamiento real de la cámara, que modifica la perspectiva y, por tanto, se aprecia mejor el movimiento visual. Por su parte, el movimiento aparente del zoom no modifica nada la perspectiva de la imagen.

El travelling se puede combinar perfectamente con las panorámicas, y, de hecho, es normal combinar estos dos movimientos para dar mayor flexibilidad al encuadre.

El travelling se puede combinar con las panorámicas para dar flexibilidad al encuadre.

Mientras el zoom está al alcance de cualquiera, el travelling exige experiencia y mucha intuición. Este movimiento es una buena forma de medir la calidad de un videógrafo.

EL TRAVELLING Y SUS DIFICULTADES

El ajuste del foco es la pesadilla de cualquiera que quiera hacer un buen travelling. Ahí, precisamente, radica la dificultad principal. Esto ocurre porque la distancia entre la cámara y el sujeto a quien vamos a grabar cambia a medida que la cámara se acerca o se aleja y, por lo tanto, es necesario sostener el foco con la mano todo el rato, para mantener al sujeto dentro de los límites de la profundidad de campo.

Si revisa el capítulo dedicado al enfoque, verá que éste depende de muchos factores. De ahí deducimos que siempre será más fácil realizar un travelling buscando la mayor profundidad de campo posible. Así, con una distancia focal corta (el zoom en gran angular) y el diafragma cerrado lo máximo que permitan las condiciones de luz, el margen de error quedará reducido.

Vamos a poner un ejemplo. Queremos grabar a un amigo que está sentado de espaldas a nosotros. Decidimos empezar con un plano general y a continuación nos vamos a ir acercando con la cámara, sin dejar de grabar, hasta rodearle cuando estemos más cerca de él y situarnos en un primer plano de su cara, momento en que le sorprendemos, porque no sabía que le estábamos grabando. En esta toma debemos estar todo el rato ajustando el enfoque.

Claro, los ajustes de enfoque que hay que hacer en un travelling hacia adelante son mayores que cuando el travelling es hacia atrás. Esto sucede porque a medida que la cámara se acerca a nuestro amigo, la profundidad de campo va disminuyendo poco a poco y, por lo tanto, mantenerle a foco todo el tiempo es mucho más complicado.

Desde el punto de vista expresivo, el travelling es totalmente recomendable, porque acentúa la sensación de movimiento, incidiendo muy positivamente en una de las cualidades de la expresión en vídeo.

Pero hay que tener cuidado con una serie de puntos. El problema fundamental de los travelling es el de la estabilidad de la imagen, porque la toma en marcha permite a la cámara moverse; pero no debe bailar. Le están prohibidos todos los ejercicios violentos, a menos que se quiera transmitir esa misma violencia al espectador y nos arriesguemos a terminar con la cámara o el vídeo colocados como sombrero...

Si escogemos bien los movimientos de la cámara, aumentaremos el interés y la vitalidad de la película, y podremos despertar ciertas reacciones en la audiencia. El movimiento del plano conseguido por el desplazamiento de la cámara proporciona una ilusión de solidez y profundidad, y un realismo que ninguna cámara estática con un objetivo zoom puede conseguir.

El travelling revaloriza la sensación del espacio entre el espectador y lo que se está grabando, aportando una sensación muy parecida a una tercera dimensión. El ejemplo tan usado de colocar la cámara en la parte delantera del coche y filmar la carretera con el vehículo en marcha es capaz de comunicar al espectador una cierta sensación de vértigo que va más allá de los límites impuestos por la imagen en dos dimensiones.

Con la intención de imitar los planos que habitualmente vemos en los informativos, se están poniendo de moda cada vez más los movimientos con la cámara «al hombro», tanto en cine como en publicidad, para tratar de reproducir la espontaneidad de la televisión, sacrificando la estabilidad y la fijeza del encuadre.

Los movimientos de cámara necesitan estar motivados, y deben ser apropiados y

El travelling revaloriza la sensación de espacio entre el espectador y lo que se está grabando.

TE INTERESA...

Travelling

· La cámara dispone de una libertad absoluta, ya que puede realizar tomas en cualquier dirección.

· Es el mejor elemento para valorar la calidad de un operador de vídeo.

· Cuando se adquiere la práctica necesaria, el travelling es totalmente recomendable desde todos los puntos de vista.

· Cualquier cosa es buena para hacer un travelling, siempre que dé estabilidad al movimiento. Simplemente debe usar su ingenio y ponerse manos a la obra.

controlados con suavidad y a la velocidad adecuada, porque de otra forma pueden ser desconcertantes y molestos.

El travelling crea en la audiencia un efecto de participación. Pero si la cámara se mueve cuando el espectador no quiere o no consigue mostrar algo que el público quiere ver, éste se sentirá decepcionado. Si el realizador es hábil, persuadirá a su público para que no se oponga a un movimiento. Sin embargo, la torpeza de un realizador conseguirá precisamente todo lo contrario.

Los movimientos de la cámara se pueden utilizar también para hacer observaciones subjetivas sobre la acción, en lo que se llama movimiento imitativo de la cámara. Por ejemplo, podemos hacer tambalearse la cámara al seguir a un amigo que se ha emborrachado en una fiesta. No cabrá duda, cuando se vean esas imágenes, de que nuestro amigo empinó el codo y se tomó un par de copas de más. En esa misma fiesta, podemos seguir a la chica más guapa haciendo un movimiento de vaivén a ritmo de vals, para sugerir que más que andar se mueve con la gracia de una bailarina y que sus pies no pisan el suelo, sino que lo acarician.

Otros movimientos imitativos son las famosas estrategias de hacer vibrar la cámara para sugerir las sacudidas de los vehículos en marcha o el balanceo de los barcos.

TRAVELLINGS SIN TRAVELLING

Aparte de la cámara «al hombro», a continuación sugerimos algunas maneras de poder realizar una toma en movimiento estable sin necesidad de los raíles profesionales.

EL MANTEL

En el borde de una mesa larga y plana, como la mesa del comedor, se coloca un mantel o una manta doblados a lo largo. En un extremo del mantel se coloca una tabla de madera o un libro gordo encuadernado con tapas duras. Sobre este soporte se coloca la cámara, mantenida lo más firme y verticalmente posible. Un ayudante hará deslizar suave y regularmente el mantel de un extremo a otro de la mesa, mientras el operador guía la cámara.

LA ALFOMBRA

Una alfombra o una esterilla fuerte pueden hacer las veces de soporte para una toma en marcha sobre el suelo de un piso. Se colocan sobre la alfombra dos o tres almohadones gordos o, si es posible, una banqueta sobre la cual se sienta el operador que, en este caso, debe ser lo más ligero posible. Uno o dos ayudantes, según el peso del operador –que se abstengan los grandullones–, tiran de la alfombra lentamente, siguiendo un trayecto previamente estudiado. La cámara se puede manejar a mano. Esta forma de hacer travellings es especialmente apropiada para interiores.

El cochecito para niños

El cochecito para niños o cualquier otro artilugio con ruedas es un fabuloso colaborador para tomas de exteriores sobre suelos lisos y duros. El operador se coloca dentro del cochecito; después, los ayudantes le empujan suavemente.

El coche

El coche constituye una tentación a la hora de hacer travellings. Eso sí, con la condición de tomar todas las precauciones habidas y por haber en cuanto a tráfico se refiere. Además, hay que tener mucho cuidado con la estabilidad de la imagen. Si se trata de una toma corta, a velocidad lenta, el operador se puede sentar en el techo del coche con mucho cuidado, dentro del coche y con la ventanilla bajada. En este caso, el conductor debe maniobrar con la mayor lentitud y el mayor de los cuidados. El arranque debe ser pausado, la marcha regular y la frenada muy suave. Todas las precauciones son pocas para asegurar al operador y a la cámara, además de la estabilidad de las imágenes. Este tipo de toma sólo se puede desarrollar en superficies muy lisas como en el asfalto o en las pistas de arena cuidadas.

Si la toma en marcha se hace a gran velocidad, las condiciones elementales de seguridad hacen que sólo se pueda filmar desde el interior del coche, con las ventanillas bajadas. Esto hará sufrir los inconvenientes de la carretera y se notarán todos los baches y las irregularidades. Para operar de esta manera nunca se debe apoyar la cámara en la cara. El aparato estará en perfecta «suspensión elástica» si el operador lo sujeta con los dos brazos al mismo tiempo y con los codos separados. En esta postura, la cámara no recibe los movimientos más o menos bruscos del cuerpo del operador, que son amortiguados por la posición.

Capítulo 5

Trucos para la iluminación

El ojo humano ve en tres dimensiones y gracias a eso podemos interpretar en el mundo que nos rodea cosas como el volumen, la distancia o el espacio con mucha exactitud. También tenemos libertad absoluta para cambiar nuestro punto de vista siempre que queramos y elegir nuestra zona de atención.

Sin embargo, las imágenes de vídeo que se ven en la televisión son planas, el punto de vista lo elige el realizador y, además, lo cambia con frecuencia para llamar nuestra atención sobre determinadas cosas. Esto hace que el espectador convierta el mundo del vídeo en un ejercicio constante de valoración de formas, tamaños y distancias.

En este juego de la interpretación del tamaño, la forma y la distancia influye directamente la iluminación. En vídeo no es posible no ver un objeto que está mal iluminado, o confundir una superficie con otra que le sigue, o empastar una figura contra el fondo. Además, la iluminación influye en las reacciones del espectador y en su interpretación de lo que ve.

La iluminación puede resaltar una forma o suprimirla totalmente; puede destacar una textura o disimularla. Un ambiente iluminado de una manera o de otra puede aparecer excitante y misterioso, o aburrido y sin carácter. Por lo tanto, la iluminación no sólo permite ver al espectador, sino que, además, es un factor muy importante para condicionar las reacciones de la audiencia.

LA FILMACIÓN EN EL EXTERIOR

En la Tierra, el sol es la única fuente de luz natural. Podemos ver sus efectos directamente durante el día o por reflexión sobre la luna, por la noche. En principio, no se suele grabar por la noche sin iluminación artificial, así que nos centraremos en la luz que produce el sol directamente.

Supongo que no voy a descubrir nada nuevo si cuento que el sol sale por el este y se pone por el oeste, y que sube más alto en verano que en invierno. Además, hay una serie de lugares que permanecen con la misma orientación: paisajes, montañas, monumentos… De todo esto resulta evidente que la iluminación de estos decorados naturales o monumentos cambia constantemente según la hora y el día del año.

Es importante tener clara esta orientación de la iluminación para sacar el mayor rendimiento a la belleza de una imagen. El sol es el mago de todos los colores; sin la luz del sol, el brillo de un paisaje se queda en nada.

TE INTERESA...

·Cuando se utiliza la luz solar como fuente de iluminación, hay que estar siempre muy preparados por lo que pueda ocurrir. Artísticamente, el atractivo de una escena cuando está nublado es mínimo; menor todavía cuando el sol está directamente detrás de la cámara. Será efectivo cuando el sol está en una posición lateral y extremadamente atractiva cuando el sol brilla hacia la cámara como contraluz, aunque los planos del sujeto que dan hacia la cámara pueden resultar oscuros.

Toma realizada aprovechando los recursos que ofrece la luz natural.

En un día soleado los colores resultan nítidos y claros; no obstante, existirá un fuerte contraste entre las zonas soleadas y las de sombra. Hay que tener cuidado, para no mezclar dos zonas distintas cuando filme, porque el vídeo tiene muy pocas posibilidades a la hora de enfrentarse con imágenes muy contrastadas. Las diferentes zonas de luz sólo ocasionan problemas, porque el fotómetro no sabe si tiene que dar una mayor importancia a la zona soleada o a la sombra. En cuanto tenga experiencia, verá que en casi todos los casos es mejor evitar mezclar estos contrastes. Aunque, por supuesto, muchas veces será imposible evitarlo o esperar a una hora favorable y tendremos que conformarnos con las condiciones que hay.

Si el cielo está ligeramente nublado, el contraste entre luces y sombras se aprecia menos y se obtendrán películas de colores suaves. Las nubes están formadas por vapor de agua, y sus gotitas microscópicas difunden la luz de los rayos solares en todas direcciones. Si estas gotitas son poco numerosas, en el caso de una bruma ligera, por ejemplo, suavizarán la luz del sol.

Pero si las nubes son bastante numerosas y suficientemente densas, no dejarán pasar los rayos del sol. Cuando el cielo está cubierto, la naturaleza de la iluminación es siempre la misma y se caracteriza

por la ausencia de sombras; y, al no haber sombras, tampoco habrá contrastes de luz. Se creará así una iluminación difusa. Según el espesor de las nubes, esta iluminación será más o menos difusa. Por ejemplo, un cielo negro de tormenta oscurecerá tanto la escena que no le permitirá filmar sin otras luces artificiales.

Al desaparecer el sol detrás de las nubes, tendrá la misma calidad de imagen a cualquier hora del día, siempre que haya luz: la cámara convertirá el encuadre en una imagen pálida, monótona, sin brillo y bastante plana. Este tipo de luz difusa facilita mucho la tarea del operador, pero es muy difícil conseguir imágenes bellas. Eso sí, podemos enfrentarnos al tema desde cualquier ángulo, sin las molestias que producen los rayos directos. Esta imagen, sin embargo, puede crear ambientes melancólicos, tristes e incluso dramáticos.

Cuando esté totalmente cubierto, encuadre las escenas de tal modo que el cielo no se vea en la imagen. Aparte de que el gris es un color muy poco atractivo, el diafragma automático se ajustará a la luminosidad del cielo y el resto de la escena se verá muy oscura. La niebla es más luminosa de lo que parece a primera vista. En caso de que quiera que aparezca un poco de cielo, es aconsejable utilizar el modo manual para compensar la exposición, cerrando el diafragma hasta que veamos la escena tal como queremos.

Por último, existe una circunstancia muy desagradable para filmar en exteriores: cuando el tiempo se empeña en mandar uno de estos maravillosos días de cielo con nubes y claros. Tan pronto tenemos la luz directa del sol como se esconde detrás de una nube y nos llega una luz difusa. Verá cómo su diafragma automático se vuelve loco y baila de un lado a otro. Ante este tipo de casos sólo queda armarse de paciencia, que es una buena virtud para cualquiera que se quiera dedicar al vídeo. Al final verá que merece la pena porque un cielo adornado con unas nubecitas puede ser muy fotogénico, siempre que no se empeñe en cambiar constantemente y en volvernos locos.

Se debe tener en cuenta que los cambios de luz natural influyen en la calidad de imagen

LA FILMACIÓN EN INTERIORES

Hoy por hoy, la grabación en interiores con luz artificial no es más difícil que la grabación en exteriores con luz natural. Incluso puede resultar más interesante, porque podemos dejar de depender de las condiciones de iluminación que nos ofrece la naturaleza para pasar a crear y controlar en su totalidad la iluminación que más nos convenga.

Las posibilidades de las cámaras de vídeo permiten grabar en cualquier parte, siempre que haya unas condiciones mínimas de luminosidad. Hay cámaras con una sensibilidad muy elevada, que permiten grabar en condiciones mínimas de iluminación: una vela, unas cerillas, una noche con luna, etcétera.

Cuando grabamos en interiores, hay que tener en cuenta que la iluminación que hay en las casas no es tan intensa como puede parecernos. Además, la luz puede ser apropiada para realizar las actividades que se llevan a cabo todos los días, pero nunca tendremos la seguridad de que la

La iluminación

Para filmar en interiores, manipularemos la luz artificial para que sea más intensa y cuidaremos la dirección de la luz orientando al sujeto hacia ella o utilizando distintos focos, para sacarle el mayor partido posible a la grabación.

iluminación disponible en los hogares es válida para nuestra cámara de vídeo. De hecho, normalmente es una iluminación muy poco favorecedora para grabar. Vamos, que suele ser una luz horrible, y efectos que pueden pasar inadvertidos mientras grabamos pueden aparecer grotescos cuando los vemos en la tele.

Lo primero que hay que saber es que prácticamente todas las luces artificiales se pueden manipular a nuestro antojo. Puede traer o llevarse lámparas de la casa, colocar difusores en las bombillas, subir o bajar las fuentes de luz...

Eso sí, lo que no es en absoluto recomendable es mezclar tipos diferentes de bombillas, por la misma razón que antes decíamos que no conviene mezclar las zonas iluminadas por el sol y las zonas en sombra. Cuando tenemos dos tipos diferentes de luces siempre tendremos problemas de color a la hora de grabar películas de vídeo.

La luz del hogar no es la más apropiada para filmaciones en interior

Ya veremos que, para grabar en interiores, pronto se hace evidente que hay que tener en cuenta tres factores fundamentales: la calidad o dispersión de la luz, la dirección de la luz y la temperatura de color o calidad del color.

- La calidad de la luz recorre una escala que va de dura a suave.
- La dirección de la luz determina cómo se modelan el sujeto y la escena, por lo que es uno de los planteamientos básicos.
- La temperatura de color es una variable que depende del tipo de las fuentes de luz y nos habla del color de la luz.

La temperatura de color

El cerebro humano puede adaptarse fácilmente a variaciones amplias de iluminación. En estos casos siempre interpretará la luz principal como «luz blanca». Por su parte, la fotografía en color, el cine o el vídeo no pueden hacer esta interpretación.

Como vimos al hablar del balance de blancos, lo que aparece como luz blanca puede variar considerablemente con tonos rojizos o amarillentos cuando la temperatura de color es baja, o azulados cuando la temperatura de color es alta, según las fuentes.

Un objeto puede colorearse también por la reflexión de la luz de otros objetos que tenga cerca. Por ejemplo, si grabamos el primer plano de una persona que lleve una camiseta roja, lo más probable es que la cara le salga más roja de lo normal.

En vídeo, algunas cámaras permiten la posibilidad de utilizar un filtro compensado de color en el objetivo. Este filtro puede venir explicado en forma de «dibujitos»: un sol, un cielo nublado o una bombilla. Estos tres dibujos corresponden a las tres condiciones diferentes que hacen variar la temperatura de color. Como la iluminación puede cambiar desde un cielo limpio y claro (que tendrá la temperatura de color más alta) hasta la iluminación con bombillas de casa (que tienen la temperatura de color más baja), la correcta utilización de este filtro puede resultar esencial para obtener una fidelidad de los colores.

FORMAS DE ILUMINAR EN INTERIORES

Hay tres formas fundamentales de iluminar en interiores:

• Colocando al sujeto y a la cámara con respecto a la iluminación prefijada; o sea, cuando entramos en casa de un amigo, con sus bombillas y sus lámparas, y organizamos la escena y colocamos la cámara respecto a las luces (lo típico de «oye, chaval, quítate de ahí y ponte aquí, que hay más luz»).

• Aumentando o disminuyendo la luz disponible hasta alcanzar nuestro propósito, es decir, poniendo o quitando difusores

TE INTERESA...

· Prácticamente todas las luces artificiales se pueden manipular a nuestro antojo.

· Para grabar en interiores hay que tener en cuenta tres factores: la dispersión de la luz, su dirección y la temperatura de color.

· También hay que tener en cuenta las tres formas fundamentales de iluminar.

para conseguir los resultados que más nos interesan.

• Eligiendo los diferentes focos y sus posiciones, es decir, seleccionando con criterio el tipo de iluminación adecuado a la escena y colocando los focos para iluminar cada plano que vayamos a grabar. Ésta es la forma más profesional, la más bonita y la más complicada.

TIPOS DE LÁMPARAS

Vamos a ver algunos tipos de lámparas para grabar en interiores:

• *La luz de tungsteno es la típica bombilla que encontramos en las casas*. Es una lámpara relativamente barata, tiene una vida razonablemente larga y pueden encontrarse diferentes tipos de intensidades. En su contra tienen que derrochan mucha energía en calor y el tipo de luz que dan no es ni dura ni suave. Dan un tono amarillento o rojizo a la imagen, a causa de su baja temperatura de color.

Además, esta temperatura y su potencia decrecen con el envejecimiento, debido a que la ampolla se vuelve negra poco a poco.

• *Las lámparas sobrevoltadas son bombillas de tungsteno fabricadas para un voltaje superior al de la capacidad del filamento*. Con esto se consigue una luz más potente y una temperatura de color superior, con lo que la luz será menos rojiza. Estas lámparas se pueden usar en cualquier aparato de uso corriente: lámparas, apliques… La desventaja fundamental es que la duración de la vida de la lámpara se acorta considerablemente.

La antorcha o flash continuo, alimentado por baterías, también lleva este tipo de lámparas y puede ofrecer una iluminación muy intensa en cualquier sitio. Pero, por sus características especiales, lo veremos un poco más adelante.

• *Las lámparas halógenas son también de tungsteno, pero perfeccionadas, y se pueden encontrar en cualquier casa*. El filamento está encerrado dentro de una ampolla de cuarzo, de ahí que se les pueda llamar «cuarzos».

Tienen una temperatura de color constante y muy alta, lo cual quiere decir que siempre se van a comportar de la misma manera en las grabaciones y que darán una luz muy blanca. La lámpara halógena se caracteriza por sus reducidas dimensiones, por la cantidad de luz que dan respecto a otras lámparas y por su larga vida. Además, no se ennegrece, como sucede con las de tungsteno normales. Algunos modelos permiten producir distintas intensidades de luz en una misma lámpara.

Las bombillas de halógeno no deben tocarse nunca con la mano desnuda, por-

Para realizar esta toma se ha colocado la cámara respecto a las luces de interior.

que los ácidos de los dedos atacan la superficie del cristal, haciéndola mucho más frágil y extremadamente caliente. Por lo tanto, se fundirá en cuanto la toquemos.

• *La luz fluorescente es el omnipresente tubo que encontramos en la mayoría de las cocinas*. Esta lámpara ha sido empleada con frecuencia para obtener una luz suave. Es económica, pero muy poco práctica. Da una luz difusa de muy baja intensidad.

Cualquiera que sea el tipo de lámparas que se utilice, lo importante es que su número total no exceda nunca la potencia del contador eléctrico. En la práctica siempre es desagradable que salten los fusibles, especialmente si ocurre en plena filmación.

El flash continuo

Normalmente, las cámaras llevan un flash continuo –también llamado antorcha– que actúa igual que el flash de la fotografía. Es una lámpara que habitualmente es de yodo y cuarzo, y permite disponer de un material ligero, poco voluminoso y de alta luminosidad. Éste puede incorporarse a la cámara, de tal manera que proporcione una iluminación totalmente frontal para grabaciones con muy pocas condiciones de luz. Una vez conectado a la cámara, la antorcha forma un conjunto muy fácil de manejar.

Tiene la ventaja de ser una iluminación autónoma. Esto hace que se pueda utilizar en cualquier momento y lugar, siempre y cuando la cámara tenga baterías: una sala de espectáculos, un coche que circula por la noche...

Además, se puede utilizar de día para las grabaciones en exteriores. Esta luz proporciona un refuerzo importante para hacer retratos de las personas que estén con nosotros, porque la luz adicional modelará mucho mejor sus rostros.

El inconveniente que tiene es que su alimentación depende de las baterías de la cámara, e incidirá negativamente en su duración. Por eso conviene revisar siempre el estado de las baterías y evaluar si nos interesa o no gastar más batería de lo normal para hacer la grabación que queremos.

¿CUÁNDO HAY QUE ILUMINAR?

Razones técnicas

Ya hemos dicho que la cámara de vídeo tiene muchos problemas cuando se enfrenta con una imagen a mucho contraste. Además, está muy limitada a la hora de conseguir los mismos colores que nos ofrece la realidad.

Es muy importante controlar la iluminación para obtener los resultados que queremos, además de hacer todos los ajustes necesarios para controlar la exposición.

En exteriores es posible que sea necesario aumentar o sustituir la iluminación natural que existe, porque no sea la que necesitemos. Por ejemplo, la intensidad o la dirección de la luz nos puede parecer inadecuada, porque puede producir unas sombras que no nos vienen nada bien. O, por ejemplo, puede ser una luz demasiado difusa y puede causar la impresión de crear unas imágenes sin brillo. En todos estos casos habría que iluminar con luz artificial; y, por supuesto, siempre hay que iluminar cuando no haya luz suficiente para que la cámara capte las imágenes que queremos.

Razones artísticas

La luz ayuda mucho a crear la ilusión de la tercera dimensión, aumentando la sensación de formas, tamaños y distancia. Además, como veíamos en la introducción a este capítulo, puede crear determinados ambientes, sugerir una hora del día o las condiciones climatológicas. También puede usarse para realzar unos aspectos de la escena, para ocultar otros o para suavizarlos, evitando las partes de la imagen que puedan causar distracciones. La luz sirve para aumentar la belleza de las imágenes o, por el contrario, para crear una atmósfera sórdida sin ningún atractivo.

LA LUZ SEGÚN SU DISPERSIÓN

Para iluminar correctamente hay que combinar de una manera adecuada la luz direccional y la difusa. Según hemos visto,

Uso de la luz

Las cámaras dotadas de sensibilidad elevada permiten grabar con una iluminación mínima, como las velas. La imagen se ha tomado con una luz direccional que produce fuerte contraste y crea el ámbiente intimista que necesita una fiesta de cumpleaños.

la luz suave reduce el contraste excesivo y la dureza de las sombras, y hace visibles los detalles de la penumbra; mientras que la luz dura pone de manifiesto los contornos, la forma y la textura.

LUZ SUAVE (DIFUSA)

Es una iluminación difusa, sin sombras, que se obtiene mediante fuentes de luz que no sean directas o del cielo nublado. También se puede conseguir reflejando la luz mediante el empleo de una superficie blanca y lisa o «rebotando» la luz en el techo o en la pared. La bombilla de una lámpara de casa también da una luz suave.

La ventaja que tiene la luz difusa es que produce gradaciones delicadas y sutiles de los colores y las sombras. Además, evita que sobresalga el relieve de los objetos. También puede iluminar las zonas en penumbra sin crear nuevas sombras.

El inconveniente fundamental de este tipo de iluminación es que la luz se escapa por todas partes y no se puede recortar. Además, al suprimir los relieves, se corre el riesgo de crear una imagen fea, absolutamente plana y aplastada.

El paso de la parte luminosa a las sombras es abrupto al estar iluminada la escena desde arriba.

LUZ DURA (DIRECCIONAL)

Se obtiene de la luz directa del sol, o de fuentes de iluminación puntuales, como la que produce un flexo de estudio. La luz dura se produce mediante una iluminación muy direccional que produce fuertes sombras.

La ventaja que tiene esta luz es que produce un efecto de recorte con mucha fuerza, bien definido y vigoroso. El paso de la parte luminosa a las sombras es abrupto y seco, y eso permite crear ambientes especiales.

El inconveniente que tiene la luz dura es que puede producir una iluminación rígida, creando sombras falsas y poco atractivas.

TE INTERESA...

Es muy importante conocer las diferentes clases de lámparas que existen para sacar el mayor partido a las grabaciones en interiores.

LA ILUMINACIÓN SEGÚN SU DIRECCIÓN

Los efectos de la iluminación cambian según el ángulo con que incide la luz sobre el sujeto, en relación con el punto de vista de la cámara. La dirección de la luz no sólo determina qué partes del sujeto están iluminadas y cuáles están en la sombra, sino también cómo se reproducirá el perfil y la textura de la superficie. Esta dirección también puede poner de relieve o suavizar determinadas marcas que caracterizan a un sujeto determinado. Si se cambia la dirección de la luz, estas características pueden destacar más o menos en la imagen.

ILUMINACIÓN FRONTAL

Cuando la fuente de luz ilumina el tema desde el mismo ángulo que la cámara, obtendremos este tipo de luz. Conseguiremos unas imágenes muy claras y nítidas, pero con muy poco relieve; así, las tomas grabadas quedarán absolutamente planas. Es muy útil para reducir arrugas o evitar sombras inconvenientes.

ILUMINACIÓN DESDE ARRIBA

Cuando la luz se encuentra directamente sobre el tema, se produce un fuerte contraste entre las zonas iluminadas y las sombras. Esto ocurre en los días de mucho sol. Hay que tener cuidado con las sombras que forman los sombreros y las gorras con visera en general, así como la sombra que se forma por debajo de la nariz. Por lo general es una luz fea y no resulta muy conveniente.

Las puestas de sol son un magnífico recurso natural para los contraluces.

En interiores, es la luz que proviene de las lámparas de techo, siempre que coloquemos al sujeto debajo de ellas. Ya hemos dicho que producen unas sombras horrendas, por lo que es más interesante desplazar un poco al sujeto, de tal forma que la luz le incida de manera menos directa.

Iluminación lateral

En este caso, la fuente de luz principal está en un lado. En la vida real, estamos acostumbrados a ver este tipo de iluminación la mayor parte del tiempo, porque es la que suele dar el sol. Por eso las películas tomadas con esta luz parecen muy naturales. El sombreado que se consigue da mucho relieve a las escenas. Es una luz que favorece mucho a la grabación.

Esta luz realza el contorno y la textura de las imágenes. Es ideal para revelar pequeños relieves, como los de las monedas, los tejidos, las vetas de madera, la piedra esculpida, etc.

Contraluces

Si filma con su cámara un motivo que está delante del sol o de la luz principal, se llama grabar «a contraluz» o con la luz «de contra». En estos casos, el tema aparece oscuro y en forma de silueta. Este tipo de imagen es muy atractiva, siempre que esté justificada de alguna manera por el desarrollo de la historia. Suele crear ambientes románticos, por ejemplo, si grabamos a una pareja caminando en dirección hacia la puesta de sol. También se puede utilizar para crear un ambiente sensual: ya es famosa la silueta de una mujer bailando detrás de una cortina. A veces se utiliza para aumentar el suspense de una escena. Si recuerda el principio de la película *E.T. El extraterrestre*, unos hombres a los que no vemos la cara en ningún momento persiguen al indefenso extraterrestre. Todos los planos generales de los perseguidores son a contraluz.

Para grabar un contraluz es importante evitar que la luz llegue directamente al objetivo. Hay dos formas de hacerlo: se puede mantener la luz fuera de cuadro, de tal manera que no se vea en la imagen, o bien se puede esconder detrás del tema. Vemos la referencia del sol o de la luz detrás de los perseguidores de E.T. o la puesta de sol hacia la que se dirigen los amantes.

Si desea que los sujetos aparezcan con todo detalle en las tomas a contraluz o con la luz lateral, puede lograrlo fácilmente si cierra ligeramente el diafragma.

Semi contraluz

El semi contraluz se produce cuando hay dos fuentes de iluminación: una lateral y otra de contra. Las líneas de contorno quedan claramente iluminadas de esta forma, mientras que el tema aparece en forma de silueta parcial. Se pueden conseguir imágenes de gran belleza utilizando diferentes combinaciones de la luz.

SISTEMA BÁSICO DE ILUMINACIÓN

La iluminación de la mayoría de los objetos sólidos requiere tres direcciones básicas de fuentes de luz. Los ángulos exactos de su colocación dependen del objeto y de lo que se desee destacar.

Aunque lo que veremos de aquí en adelante son trucos más o menos precisos, la iluminación es, ante todo, una cuestión de gusto y de intuición, y las múltiples combinaciones de los focos son de una infinita variedad.

Luz principal

Es una luz predominante, por lo general muy concentrada, que se coloca en una posición central y cruzada, a unos 45º en vertical y a otros 45º en horizontal respecto de la cámara.

Esta luz crea las sombras principales y se utiliza para poner de manifiesto la forma, la disposición y la textura de la superficie del objeto.

RECUERDA...

· La iluminación frontal consigue imágenes muy nítidas, pero con poco relieve.

· La iluminación desde arriba produce un fuerte contraste entre las zonas iluminadas y las sombras.

· La iluminación lateral consigue un sombreado natural que da mucho relieve a las escenas.

LUZ DE RELLENO

Es una iluminación suave y que no produce sombras, reduce el contraste entre las partes más iluminadas y las penumbras, y permite que se vea el detalle de las zonas en sombra. La luz de relleno no debe variar el valor de la exposición, es decir, no debe variar la apertura del diafragma. Tampoco debe crear nuevas sombras, puesto que su misión es, precisamente, eliminarlas.

La luz de relleno se coloca, por lo general, en el lado opuesto de la principal y en un ángulo que oscila entre los 0º y los 30º respecto de la cámara.

CONTRALUZ

Como ya hemos visto, es una luz que se coloca detrás del sujeto. Tiene una misión importante, que es la de separar al sujeto del fondo. Sin esta luz, parecerá que el fondo y el sujeto se «empastan», que están pegados, y que no hay distancia entre los dos. Sirve, además, para rebordear la forma del sujeto y ayuda a poner de manifiesto los contornos.

A excepción de lo que acabamos de contar, no existe reglamentación alguna sobre los usos y posiciones correctas de la iluminación. A veces, la luz principal es suficiente y no hará falta poner luces de relleno ni de contra.

LA ILUMINACIÓN DE PERSONAS

Respecto a la iluminación de personas, y a pesar de que los detalles de la cara varían de una persona a otra, la configuración básica de una cabeza es siempre la misma, aproximadamente. De esto se desprende que los efectos favorecedores y los poco atractivos, producidos por la iluminación, son válidos en casi todos los casos.

PRINCIPIOS GENERALES

Existen una serie de principios generales para iluminar a las personas:

• Colocar la luz principal en un ángulo que vaya entre los 10º y los 30º respecto a la posición en que apunta la barbilla. Si la luz principal es muy frontal, se puede producir una sombra doble en la nariz, así como sombras muy fuertes en los hombros.

• Si el ángulo de posición anterior debe corregirse, hay que hacerlo de modo que la persona mire hacia la luz principal.

• Hay que evitar la iluminación excesivamente alta. Si elevamos mucho la luz principal, se crean unas sombras horrendas debajo de la nariz, y los ojos quedarían en penumbras. Si es la luz de contra la que está muy alta, podemos tener una parte superior de la cabeza muy iluminada, con la punta de la nariz y la parte superior de las orejas muy claros, y una sombra muy larga de la barbilla en el pecho.

• Evitar un ángulo muy amplio entre la luz principal y la luz de relleno.

• El ángulo oblicuo también debe evitarse, porque produce sombras del perfil en el hombro y divide la cara en dos partes.

• No utilizar nunca más de una luz principal, porque se producirá más de una sombra principal que habría que eliminar. Dos luces principales crean una sombra central feísima y molesta, y el modelado de la cara será muy rudo.

• Utilizar siempre una luz suave situada convenientemente para rellenar las sombras.

• Evitar la luz lateral para los primeros planos. Divide la cara en dos partes, una de ellas sobreiluminada y la otra totalmente a oscuras.

• Para los planos de perfil, es mejor colocar la luz principal en el lado más alejado de la cara.

De cualquier manera, el mejor truco es coger tres lámparas de casa, o tres flexos, o lo que sea, y empezar a practicar con objetos o con algún conejillo de indias que se quiera poner delante de la cámara y entre las tres luces. No hace falta decir, a estas alturas, que conviene que las tres lámparas tengan la misma temperatura de color. Y... ¡¡a jugar!!

LA LUZ PASO A PASO

A modo de resumen general de los principios de iluminación, aquí presentamos un apartado para recordar, paso a paso, qué debe hacer para iluminar.

Sensibilidad de la cámara

Compruebe los niveles de luz y ajuste todos los controles que tenga su cámara: diafragma, filtros de interior/exterior, balance de blancos, etc.

Compruebe las sombras sobre el sujeto y las que él proyecta sobre el fondo antes de realizar la toma.

Materiales

Mire qué tipo de luces tiene y cuántas lámparas hay. Compruebe la potencia, los cables, los medios para colocarlas... Ilumine siempre con los materiales disponibles, simplificando el tratamiento si fuese necesario.

Intente no mezclar fuentes de diferentes temperaturas de color.

Sujeto

Examine el sujeto y considere qué quiere resaltar y qué quiere suprimir de él. Estudie la toma y decida si debe tener predominio el primer término o el fondo.

Compruebe las sombras sobre el sujeto y las que éste proyecta sobre el fondo. Estudie sus movimientos, para ver qué sombras hay que eliminar.

Luz principal

Disponga de una luz principal adecuada a la posición de la cámara, a la dirección del sujeto y al movimiento. Estudie el encuadre para ver si hay que iluminar a uno o más sujetos y adecue la luz principal a lo que vaya a grabar.

Ajuste la intensidad de la luz principal y decida si necesita difusores o no.

Compruebe que la cámara no produce sombras en el fondo. Recuerde los consejos del capítulo anterior.

Luz de relleno

Observe la escena para ver si la necesita. En caso afirmativo, colóquela para iluminar las sombras, sin reforzar la luz. Compruebe que la luz de relleno no sature el fondo ni los sujetos. Evite un exceso de luz de relleno. Normalmente, debe tener la mitad de intensidad que la luz principal. Evite que esté muy alta o que cubra un ángulo muy amplio.

La luz de relleno debe ser difusa. Si es necesario, puede colocar un difusor ante las lámparas.

Difusores

La misión de un difusor consiste en suavizar la luz emitida. Un difusor estupendo y al alcance de cualquiera es el papel vegetal que se vende en las papelerías. Hay varios modelos de difusores, pero es más interesante confeccionarlos uno mismo. Para ello se puede pegar, sobre un armazón apropiado, un retal de tarlatana blanca, tul o muselina blancos, dependiendo de la opacidad que queramos dar al difusor.

Estudie si hace falta o no colocar difusores y en qué lámparas. Hay que tener la precaución de no poner los difusores demasiado cerca de las lámparas, porque el calor que desprenden podría quemarlos.

Contraluz

Estudie si es necesario o no el contraluz. Evite que esté colocado muy alto y se convierta en una luz cenital, que casi siempre es desagradable, porque aplasta la cabeza y da en la punta de la nariz.

Evite también los contraluces muy bajos, porque las luces pueden entrar en el campo de la imagen y producir reflejos en el objetivo de la cámara.

Evite el exceso de contraluz, que produce bordes muy claros y poco naturales. Igual que la luz de relleno, la luz de contra debe tener la mitad de la intensidad que la luz principal.

Iluminación del fondo

Normalmente se ilumina el fondo después de haber iluminado al sujeto. Compruebe si la iluminación del sujeto sirve para el fondo, y, en caso negativo, estudie qué debemos cambiar, qué iluminación especial requiere.

No siempre es apropiada la iluminación de los fondos. Cuando quiera iluminarlo, evite las sombras falsas, las manchas o los puntos luminosos, o poner de manifiesto arrugas y ondulaciones.

La iluminación del fondo no debe interferir en la iluminación del sujeto.

En general, sombree la parte alta de las paredes a la altura de los hombros. Evite las zonas luminosas cerca del borde superior del encuadre. Evite asimismo los contrastes que puedan distraer la atención.

El truco final

Como último truco para iluminar como un profesional, estudie las imágenes que ve en las películas, en la publicidad y en la televisión. Juegue a tratar de averiguar dónde han colocado los aparatos, de dónde viene la luz, cuál es la luz principal, la de relleno y la de contra, y descubra qué papel juega la iluminación en la historia, cómo modelan nuestra percepción de lo que ocurre a través del juego de luces y sombras.

Capítulo 6

Trucos para la realización

La mayoría de las imágenes normales grabadas en vídeo muestran los temas de forma familiar, sin falseamientos ni recursos emocionales predominantes. Pero como hemos visto, si se disponen estos mismos temas cuidando la composición y seleccionando el lugar donde irá situada la cámara, se puede modificar su impacto y darles un significado nuevo a las imágenes.

También hemos visto que se puede falsear o seleccionar la realidad a nuestro antojo. Esto se puede hacer para conseguir que la película tenga poco que ver con la situación real, para crear algún efecto dramático o para producir imágenes atractivas.

En un plano más abstracto, se pueden suscitar emociones e ideas en el espectador con recursos tan sencillos como el empleo del movimiento de un plano, la creación de líneas de fuerza, la búsqueda de formas y puntos de vista diferentes de los objetos... Todos estos elementos los interpretará el espectador según su propia personalidad y se sentirá parte de la película mientras la ve.

Todas estas decisiones se toman en la realización, que es de lo que vamos a hablar en este capítulo. La mayor parte de las grabaciones en vídeo se hacen de una manera más o menos espontánea, tratando de buscar documentos visuales que nos sirvan de recuerdo y de testimonio de lo que hemos vivido.

Pero en ocasiones también se puede intentar estimular la imaginación de los espectadores, para provocar ideas que no se transmiten únicamente por lo que ocurre delante de la cámara.

Planificación

Cuando alguien se planta delante de una plaza con una iglesia y un campanario, se va fijando poco a poco en los detalles. Primero, ve la plaza entera y la identifica como «plaza». Al principio, no se diferencia de las demás plazas; simplemente, la cabeza del observador le indica que se encuentra delante de una plaza. A continuación, vienen los detalles que diferencian esta plaza de las demás: la iglesia. Y esa iglesia tiene algo que la hace distinta de las demás o que llama la atención más que las otras iglesias: el campanario. Nuestro cerebro nos va contando todas estas cosas en milésimas de segundo y va seleccionando los detalles poco a poco. Conviene dejar claro que lo que percibe una persona de esa plaza (el campanario de la iglesia) puede no tener nada que ver (seguro que es así) con lo que perciba otra persona (la ventana cerrada del Ayuntamiento). Por eso decimos que la percepción es selectiva.

La cámara de vídeo no es capaz de hacer todo este proceso selectivo. Y por eso hay que ayudarla a seleccionar poco a poco lo que más tarde se va a enseñar al público. Ese proceso se hace a través de la planificación, que es la distribución de las imágenes que van a contar la historia por medio de diferentes planos, con diferentes tamaños, que se irán sucediendo uno detrás de otro en la pantalla de la televisión.

Plano recurso para hacer un cambio en la narración de la historia grabada.

En el capítulo dedicado al tamaño de plano se dio una guía para saber para qué sirve cada uno. En este apartado, veremos otros aspectos importantes de la realización.

CÓMO AFRONTAR UNA PELÍCULA

La familia de Vidal del Boto vuelve de vacaciones. Están encantados, porque se lo han pasado estupendamente; será difícil olvidarse de estos días. Además, como dinero no les falta, han cargado las maletas con un montón de «recuerdos» que han provocado el entusiasmo general. Pero, al llegar a casa, surge la polémica de todos los años por estas fechas: ¿qué se puede hacer con tanto cenicero con la inscripción «Recuerdo de Acá», con tanto mecherito en el que dice «I love Acullá», y con tanto pisapapeles en el que pone «Yo he estado en Allímismo»? Además, ¿qué hacer con todos los de los años anteriores? Desde luego, más les habría valido a los del Boto comprar una sola pieza verdaderamente significativa y no traer tantas tonterías...

Lo mismo suele ocurrir con las imágenes que nos traemos de las vacaciones. El razonamiento habitual suele ser: «Como

Hay que seleccionar los mejores planos del recuerdo grabado para que la historia de las vacaciones resulte atractiva.

las cintas de vídeo son relativamente baratas, y, además, se puede grabar encima todas las veces que queramos, es mejor tener muchas imágenes que quedarnos cortos.» Pero luego no sabemos qué hacer con ellas.

He de confesar que la primera vez que salí de vacaciones con mi cámara de vídeo estaba como un niño con zapatos nuevos. Todo lo que veía me parecía merecedor de un par de planos de mi cámara, cuando no de un par de minutos. Cada vez que doblaba una esquina, se aparecía ante mí «el plano maravilloso» que iba a dar a mi película la categoría de genial y me iba a lanzar a la fama en el mundo entero. Cuando llegué a casa estaba deseando ver el resultado de mi cosecha de maravillosas imágenes, de espacios eternizados por mi cámara y de situaciones que iban a despertar las envidias de mis espectadores. Menos mal que cuando llegué a casa no había nadie, porque mi desilusión no fue pequeña, sino tamaña: me encontré con unas cuatro horas de vídeo sin pies ni cabeza, sin un hilo conductor, lleno de lugares que recordaba vagamente, pero que no tenía ni la menor idea de dónde estaban exactamente. Vamos, un desastre que desde entonces no he vuelto a ver. En primer lugar, por falta de tiempo (no es sencillo sacar cuatro horas para ver una película de vídeo de hace más de diez años), y en segundo lugar, por pudor (nunca pude invitar a mi familia al estreno, ni a mis amigos, y ellos insistían, pero yo no podía enseñar algo así sin quedar fatal, y sin frustrar la confianza que habían puesto en mí...). El caso es que nunca supe muy bien qué hacer con todas esas imágenes que ahora están «almacenadas» en algún rincón oscuro del armario durmiendo el sueño de los justos y criando polvo.

TE INTERESA...

- *Para llevar a buen puerto su objetivo, basta con saber qué es lo que va a grabar y qué es lo que ya ha grabado, para dar continuidad a lo que vaya filmando.*
- *Otro truco es evitar los saltos accidentales de lugar y de tiempo, y procurar que todos los cambios de lugar vayan justificados de alguna manera por la historia. Evite duplicar innecesariamente una acción. Si una cosa ya se ha visto y está clara, no insista demasiado en ella: los espectadores se lo agradecerán.*

Eso sí, le aseguro que aprendí la lección. Ya sé qué pedir a mis películas. Ahora prefiero pararme a pensar qué voy a grabar; llevo una idea de lo que quiero hacer con mis cintas de vídeo, tengo información suficiente como para contar una historia; pero, sobre todo, tengo muy claro que quiero ver la película varias veces a lo largo de mi vida, y que quiero compartir estos momentos y estos recuerdos con mi gente, con los que no pudieron acompañarme. Sé que prefiero tener poco material, pero bien organizado, que un montón de planos sin sentido; y que, puestos a almacenar recuerdos en movimiento, prefiero organizarlos de tal forma que me sirvan para algo.

En definitiva, reflexionar acerca del contenido, elegir un tema, un hilo conductor y un argumento sencillo para que todo el mundo lo entienda.

VARIEDAD DE TÉCNICAS DE EXPRESIÓN

Es obvio que cualquiera puede coger una cámara y dirigirla hacia una escena como mejor le parezca. Pero utilizar la cámara de esta manera tan simple sería desacreditar un instrumento con una enorme capacidad de dar información por sí mismo. Hemos visto a lo largo de todo el libro qué significación tenían los movimientos de cámara, la iluminación, la composición, el punto de vista...

Cada situación necesita un encuadre que ilustre la información que queremos dar

Sólo la selección de las técnicas correctas en cada momento distingue al artista creativo con su propio sello del chapucero que se dedica a hacer un recital de trucos y técnicas sin ningún control sobre ellos.

Los planos estáticos se hacen con frecuencia pesados. Por ello hay que estimular el interés de los espectadores con el movimiento y el cambio.

En una película las escenas pueden cambiar bruscamente, los primeros planos pueden intercalarse a las escenas filmadas de lejos, y el zoom puede lanzar al espectador a través del espacio. Una sombra precipitada contra una pared puede dar cierto dramatismo, mientras que un picado acentúa la sensación de soledad de un personaje... Todas estas técnicas sólo pueden conseguirse en una película.

No obstante, si se abusa de estos recursos puede resultar penosa la expectación, porque exigirá del espectador un esfuerzo que no estará dispuesto a realizar.

Las buenas técnicas son lo suficientemente convenientes como para dar un mayor significado a lo que estamos grabando. Las técnicas deficientes suelen responder

Técnicas

Dominar las técnicas expuestas hasta aquí pueden dar mayor significado a la escena, pero saturar la película con ellas puede aburrir.

Saber seleccionar una escena, como la tierna imagen de la izquierda es el mejor recurso a la hora de montar una película.

a grabaciones mecánicas, y muchas veces no tendrán razón de ser, serán ambiguas o les faltará cierta garra. La diferencia entre utilizar las técnicas de expresión bien o mal consiste en poner cuidado en lo que se hace y echarle horas y paciencia, cintas peores y mejores, ensayos, prácticas, pruebas, etc.

Si aprende a dominar estas técnicas y a emplearlas con imaginación, comprobará que el placer de realizar películas en vídeo no tiene límites.

EL CONCEPTO DE TIEMPO EN VÍDEO

El tiempo constituye un factor determinante a la hora de contar historias en vídeo. Compone una especie de tercera dimensión. Un mismo encuadre tendrá un valor expresivo distinto según el tiempo que dure en pantalla. El ritmo de grabación es una consecuencia del tratamiento del tiempo, por lo que no es aventurado decir que éste es uno de los elementos básicos del lenguaje del vídeo.

Una película recrea de nuevo el tiempo. El vídeo lo condensa, eliminando las acciones intermedias. Se pueden suprimir de una película largos períodos de tiempo sin aparente contradicción. Por ejemplo, un coche se detiene, y pasamos enseguida al conductor que entra en su casa. O vemos a un niño pequeño y, pasando por un plano de transición, enseguida se hace adulto.

Cuando la acción que se está grabando no tiene relación con el resto de la película o lo que se cuenta es demasiado evidente, da la sensación de que todo transcurre a un tiempo demasiado lento como para

El primer plano mezclado con una escena grabada de lejos sirve para cambiar el devenir de la historia grabada

Una película recrea de nuevo el tiempo. El vídeo elimina las acciones intermedias. Se pueden suprimir de una película largos períodos de tiempo. Por ejemplo, en la imagen superior se tramita la compra del piso y, en la inferior, sin mediar otra escena, aparece ya el salón completamente decorado.

mantener el interés del espectador. Por eso no sólo se pueden sino que se deben suprimir las acciones intermedias, a no ser que tengan un valor documental único.

El tiempo de la grabación no se corresponde con el tiempo real

Con el vídeo, el tiempo se somete a la construcción de una historia. A través de la planificación, la realidad se fragmenta y, a partir de los planos, se puede recomponer la realidad. El tiempo se trata de una forma parecida a la de la novela: los continuos saltos de plano se unen gracias a la narración que, a su vez, une los diferentes espacios y tiempos de la película.

En definitiva, si estamos ante una catedral, podremos tomar muchos planos diferentes. A pesar de que nos llevará varios minutos, incluso horas, filmar todos los detalles que queremos, cuando el espectador vea la cinta, verá que todos estos puntos de vista de la catedral son inmediatos, y al final no durará en pantalla más de un minuto. Es decir, que el tiempo que permanecen las imágenes grabadas no tiene nada que ver con el tiempo real que tardamos en grabar.

Cuando está haciendo una película, el tiempo domina totalmente. Aproveche al máximo esta ventaja para conseguir variados efectos visuales y para no aburrir a sus espectadores con tomas interminables de un desplazamiento o con planos vacíos de contenido y acción.

Imagínese ahora que decide irse con unos amigos en verano a hacer un recorrido en bicicleta durante quince días. ¡Qué paliza, verdad! Pues, para colmo, sus amigos han decidido grabar este viaje, porque quieren tener un recuerdo de todo lo que ocurra: los esfuerzos de los primeros días, los paisajes, los recorridos en bicicleta, los pinchazos, los abandonos de los últimos días... Por fortuna, como el único que sabe manejar la cámara de vídeo como un profesional es usted, le han designado para ir en el coche de apoyo, grabándolo todo. Vamos, que se ha convertido en un reportero gráfico de una pequeña vuelta ciclista. Y ahora la pregunta es: en este caso, ¿no pretenderá grabar quince días enteros de pedaleos constantes, verdad? Lo lógico será que planifique su historia, y que condense los quince días en un maravilloso reportaje que, sin perder la continuidad, no dure más de media hora. Es todo un reto, pero le aseguro que el resultado merecerá la pena. Y será un maravilloso ejercicio de condensación del tiempo, sin que el espectador pierda en ningún momento la perspectiva del momento en el que está.

EL MOVIMIENTO

Al principio del libro partíamos de una definición que podía ser buena: el vídeo es un almacén de recuerdos en movimiento. Efectivamente, el vídeo es, ante todo, movimiento, y esto es lo que le diferencia de la fotografía.

Por eso es importante que, al grabar, se centre siempre en los temas en movimiento y que trate de buscar la acción

RECUERDA

El vídeo está compuesto, ante todo, de imágenes en movimiento.

dentro de una escena aparentemente estática. No deje que el tema quede inmóvil como en una fotografía normal, a no ser que la inmovilidad le interese por algo concreto.

También hemos visto que algunos principiantes creen que el movimiento lo da exclusivamente la cámara y lo filman todo girando por todas partes sin dejar de grabar. Esto es terrible. El movimiento puede y debe hallarse también en el tema, buscando los momentos de mayor animación de las escenas. Además, podemos ayudar a este movimiento interno del plano con los movimientos de cámara que hemos visto antes.

La correcta combinación de los diferentes movimientos de cámara, la elección de qué conviene más a lo que estamos grabando (un zoom, un travelling, una panorámica, la cámara fija) depende del realizador. La correcta combinación de las posibilidades de la cámara dará lugar a películas más interesantes, más dinámicas y más atractivas para el espectador, que podrá sentir cómo, desde el sillón donde está sentado, se va trasladando de un lugar a otro, los objetos y las personas se le acercan y se le alejan, y él no tiene que hacer nada más que disfrutar de unos momentos de buenas imágenes en la televisión.

En las modernas técnicas publicitarias, la cámara no se detiene, no le da tiempo a tomarse un respiro, está moviéndose continuamente. Este movimiento, aparentemente inocente, está perfectamente estudiado. Observe los anuncios para desarrollar el olfato de lo que puede y no puede hacer, y trate de imitarlos siempre que pueda. Ahora bien, tenga en cuenta que, después de la grabación de un anuncio, en el que están en juego muchos millones, hay un proceso de edición de las imágenes. En este proceso se seleccionan las imágenes más interesantes, y se ordenan respecto a un guión. Pero, como ya dijimos antes, eso es otra historia que debe ser contada en otra ocasión…

Existen diferencias importantes entre los efectos que produce mover la cámara y los que produce que el sujeto se mueva. Esto se puede comprobar con una experiencia curiosa: ver una secuencia muda en la televisión en una habitación completamente a oscuras, como si estuviésemos en el cine. Al moverse la cámara y explorar la escena, sentiremos que somos nosotros los que nos movemos, casi físicamente, por el escenario que recorre la cámara. En cambio, cuando la cámara está fija, nos parecerá que los actores se acercan o se alejan de nosotros. En este caso, se produce un efecto de objetividad, mientras que en el travelling el efecto es más subjetivo. El movimiento de cámara condiciona nuestro comportamiento frente al sujeto, porque nos hace partícipes de la acción de la cámara. De alguna extraña manera, somos nosotros los que nos levantamos y seguimos a la persona a la que sigue la cámara.

Cuando un actor anda o se aleja de la cámara, los espectadores nos convertimos en «receptores de su actitud». Nuestras reacciones dependerán de su comportamiento, y la fuerza o casualidad de su acción. Hay ciertas circunstancias que pueden alterar estas situaciones. Por ejemplo, si alguien camina por un largo pasillo para acudir al encuentro de la cámara (a nuestro encuentro), experimentaremos cierta sensación de superioridad. Por otra parte, si se sienta de repente mientras nosotros (la cámara) tiene que ir hacia él, la sensación será de inferioridad.

HAGA PELÍCULAS QUE CUALQUIERA PUEDA ENTENDER

El problema de planificar una película se parece al de cómo planear un buen discurso. Cuando intenta demostrar algo, tiene que expresar con mucha lógica sus pensamientos y hablar en términos que puedan comprender los demás. Lo mismo pasa con las películas de vídeo. Lo que desea decir en su película siempre debe ser

Escena aparentemente estática a la que se ha impregnado de acción a través del movimiento de las manos y la mirada de los personajes.

TE INTERESA...

· Quién, qué, dónde, cuándo y por qué. Éstas son las cinco cuestiones que debemos plantearnos al hacer grabación de vídeo.

· Como siempre, hay un «pero»: hay que tener cuidado. A veces, por estar demasiado concentrados en querer contestar a estas cinco preguntas, podemos perder la espontaneidad del momento, que daría a la grabación el calor humano necesario para toda buena película.

muy claro y poco complicado, presentando la historia de tal forma que los espectadores no tengan dificultades en comprender lo que están viendo en pantalla.

Al fin y al cabo, se supone que hacemos películas de vídeo para comunicar algo o para recordar dentro de unos años lo que grabamos. En cualquiera de los dos casos, lo importante es poder transmitir y recuperar esa información de la forma más sencilla.

Para que una imagen comunique su mensaje rápidamente y sin ambigüedades, los espectadores deben poder ver con claridad todos los detalles importantes. Se evitarán la confusión, los equívocos, la información poco clara, la visibilidad parcial, las distracciones y los desórdenes visuales similares.

Un punto de vista equivocado o confuso puede hacer que incluso los objetos más familiares parezcan desconocidos. En ocasiones se puede hacer de manera deliberada pero, por lo general, se intentará conseguir una presentación clara. Incluso, a veces, para mejorar esta claridad, puede ser necesario cambiar algunos objetos de sitio o manipularlos de manera poco común.

Una iluminación poco afortunada también puede poner en peligro la claridad de lo que contamos. Puede distraer o confundir, ocultar los contornos verdaderos, fundir el fondo con la forma, arrojar sombras equívocas, crear puntos y zonas excesivamente luminosos...

Los detalles fuera de foco colocados al fondo del plano, especialmente las letras, pueden desviar la atención del espectador al intentar descifrarlas. Por esa razón, conviene excluirlas del plano, siempre que sea posible.

LAS CINCO PREGUNTAS CLAVE

Para hacer una película que cualquiera pueda comprender, le será útil hacerse las cinco preguntas clave que utilizan los periodistas para escribir sus noticias.

¿QUIÉN?

Presente a los personajes de su historia. Por ejemplo, unos jóvenes que juegan una partida de ajedrez en un parque. Muestre un plano en el que se identifique perfectamente quiénes son los protagonistas.

Para esta presentación existen un montón de posibilidades. Por ejemplo, una sucesión de planos de detalle, en los que se vean las manos, las piezas, el tablero, el reloj y, por último, un plano de los jugadores.

Ésta es una forma de llevar la atención poco a poco hacia los personajes, se crea cierto «suspense». Pero siempre debe tener en cuenta quiénes son los personajes, para que el público sepa de quién se está hablando.

¿QUÉ?

Toda historia tiene un argumento, una acción. ¿Qué están haciendo los protagonistas de la historia? No deje que haya lugar a dudas y muestre claramente cuál es la acción de la película.

Los jóvenes de antes están jugando al ajedrez. En este ejemplo hemos descrito

Si quisiéramos filmar a la familia de vacaciones en la playa, puede ser una buena idea comenzar por planos de detalle: una caracola –como la de la fotografía–, las olas... para después pasar a presentar a los personajes de la acción

primero la acción (alguien está jugando al ajedrez) y lo hemos hecho mediante planos detalle de lo que estaban haciendo (el tablero y las piezas de ajedrez).

También se puede presentar una acción en un plano general. Por ejemplo, el de una carrera de sacos, en el cual veremos enseguida qué está pasando, qué ocurre en la película, cuál es la acción principal.

¿DÓNDE?

Mostrar el espacio para ubicar al espectador es también muy importante. Shakespeare nunca ponía acotaciones en sus obras, pero siempre decía dónde se desarrollaba la acción.

¿Dónde juegan los jóvenes de antes? Ya hemos dicho que están jugando en un parque, pero todavía no lo hemos visto. Hay que mostrar el espacio, antes o después, para fijar la acción. Esto es tan sencillo como hacer una toma de los jugadores en un gran plano general, donde se vea el parque, los árboles, la gente de alrededor... Puede hacerse antes o después, pero es indispensable para comprender la historia.

Además, ese parque tendrá cosas especiales: gente, fuentes, árboles… Sin perder la referencia de los jugadores, podemos dar mayor o menor importancia al parque, dependiendo de las necesidades de la historia que estamos contando. Además, podemos establecer si es un parque cualquiera o uno en particular, si tiene algo que podamos identificar enseguida o si es la primera vez que vamos allí…

¿CUÁNDO?

Como el vídeo es un almacén de recuerdos en movimiento, debemos tratar de dejar claro en la película cuándo ocu-

Hay que mostrar el espacio donde se desarolla la acción para ubicar al espectador.

Las cinco preguntas

Debemos orientar la grabación en la respuesta a estas preguntas: ¿quién?, ¿qué?, ¿dónde?, ¿cuándo? y ¿por qué? El ejemplo de la imagen presenta a los personajes (un grupo de jóvenes), la acción (jugando al hockey), el espacio (en una pista de hielo), etc.

rrió la acción que estamos grabando: ¿Era por la mañana o por la tarde? ¿Fue en las vacaciones de Semana Santa o en las de verano?...

Para ello, puede buscar temas que ayuden a crear una idea del momento. En el ejemplo de los ajedrecistas pueden servirnos algunos planos de la ropa que lleva la gente que mira, las hojas de los árboles, un reloj que se vea desde el parque.

Puede llevar la localización del tiempo todo lo lejos que quiera, incluso filmando un cartel que especifique el día exacto.

¿Por qué?

Esta pregunta tiene dos interpretaciones que hay que contestar. La primera es: ¿por qué juegan estos dos jóvenes al ajedrez? Puede tratarse de una apuesta (observamos que hay un montón de billetes encima de la mesa) o un trofeo de ajedrez (hay un cartel donde dice que se está celebrando el campeonato regional), o simplemente juegan por placer (cuando termina la partida vemos que los dos se dan la mano y se ponen a charlar sonrientes, comentando las jugadas más interesantes). A lo mejor, sencillamente, no sabemos por qué juegan, pero es interesante intentar obtener ese dato.

La segunda interpretación es más personal: ¿por qué quiere grabar a dos tipos jugando al ajedrez? Puede tener motivos personales, porque uno de ellos es su mejor amigo; pueden ser motivos documentales, porque alguien le ha encargado que grabe la partida y le ha hecho el favor; sus motivos pueden ser puramente artísticos, porque ha visto la luz que caía sobre las piezas, y el aspecto de concentración de los jugadores y la gente parada a mirar, y entonces le han entrado unas ganas locas de inmortalizar ese momento mágico para disfrutar de él siempre que vuelva a verlo y compartirlo con sus amigos...

Cualquiera de las respuestas le llevará a un estilo diferente de realización. En el primer caso, intentará centrarse en su amigo, y contará la historia desde su punto de vista. En el segundo caso, tratará de ser más objetivo y mostrará a los dos jugadores con la misma frialdad, grabando todas las jugadas para que los que se la han encargado puedan recrear la partida siempre que quieran. O, en el último caso, se centrará en la fuer-

za de las imágenes que está viendo, y le dará lo mismo la evolución de la partida, los movimientos… Todo estará ocurriendo allí delante, esperándole, para que usted capte sus imágenes y se lleve de allí la cámara llena de momentos inolvidables.

El resultado fundamental después de contestar esta pregunta será no obtener imágenes sin ton ni son. Si, además, conseguimos que el espectador tenga la respuesta a los dos porqués, tendremos una película redonda: por qué hacen lo que hacen los protagonistas y por qué hemos invertido una tarde de nuestra vida en grabar estas imágenes.

TENGA UNA HISTORIA EN LA CABEZA

Todos los días están sucediendo cosas. A veces son interesantes y a veces no lo son. Normalmente depende de cómo se vivan y de cómo se cuenten. Porque todo lo que se vive se puede contar. Y, en el momento en que lo contamos, estos pequeños acontecimientos constituyen una historia.

Filmar también es contar algo. Por lo tanto, filmar es crear una historia. El vídeo ha heredado la tradición narrativa de la literatura, especialmente de la novela realista del siglo XIX. Por eso, grabar es, igual que en la literatura, contar una historia de una determinada manera que suscite la atención, el interés y la emoción del destinatario, en este caso del espectador.

Porque, efectivamente, una historia se puede contar bien o mal. Y lo más importante para contarla bien es tenerla clara en la cabeza. Conseguir esto es muy sencillo: ya desde Aristóteles, nada más y nada menos, la literatura se fundamenta en la acción, razón por la cual es lo más importante de cualquier historia. Los acontecimientos se convierten en el núcleo central de una narración; lo que se cuenta en esa historia son las acciones de los personajes.

Cuando esté filmando una escena cotidiana, piense en cuál es la acción fundamental, piense lo que quiere expresar y busque un argumento. Tenga en cuenta que todo el que vea la película pensará que lo que se muestra en ella tiene sentido. Por lo

tanto, es conveniente que lo que grabemos esté marcado por un principio y un final.

Además, es importante que lo que filmemos sea lo más concreto posible y que se muestre una sola acción en cada momento. Esto le dará coherencia a sus películas, porque las partes de la historia que estemos contando no serán simplemente imágenes desfilando sin sentido, sino que todos los planos estarán relacionados entre sí de acuerdo con una lógica interna definida por la acción principal. Es decir, que si estamos grabando una partida de cartas en un bar, podemos enriquecer esta acción principal con las acciones de otros personajes que aparezcan en el bar (un camarero, unos clientes, algún mirón), pero no debemos olvidar en ningún momento que lo que estamos grabando es una partida de cartas.

Así que antes de empezar a grabar cualquier cosa, debemos tener en la cabeza, de la manera más clara posible, qué es lo que vamos a filmar, cuál es la historia que vamos a contar.

Claro que también se puede lograr una buena historia sobre la marcha, y todos tenemos capacidad de improvisación. Pero entonces dependerá exclusivamente de usted conseguir ordenar todas las imágenes que surgen delante de la cámara según vayan llegando, sin saber qué va a ocurrir ni cómo lo va a grabar.

PLANTEAMIENTO, NUDO Y DESENLACE

En todas las películas que vemos en la televisión, en el vídeo o cuando vamos al cine, suele haber un argumento en el que se distinguen tres partes: el planteamiento o presentación, el nudo o desarrollo y el desenlace o la conclusión. Incluso en los informativos, las noticias se construyen de acuerdo con estas tres partes.

TE INTERESA...

· El planteamiento presenta la acción; el nudo, la desarrolla; y el desenlace, la concluye.

· Sus películas también pueden (y deben) seguir estas tres partes. Una serie de escenas ordenadas con lógica harán que su película resulte comprensible e interesante.

PLANTEAMIENTO

El planteamiento informa al espectador de lo que está ocurriendo. Es el mejor momento para contestar a las cinco preguntas que hemos hecho anteriormente. Por supuesto, y sobre todo, presenta a los personajes y sus acciones. Puede crear un pequeño conflicto que se resuelva finalmente.

Por ejemplo, nuestra cámara acaba de ser testigo de un regalo inolvidable para un niño: su primera bicicleta. Se decide bajar al parque para que el niño la estrene, pero no sabe montar.

Historia

Aunque el lugar de grabación se presenta en este plano, sería conveniente incluir escenas que lo ambienten y le den una dimensión más viva haciendo tomas de lo que rodea al tema principal y al lugar.

En primer lugar, la grabación del regalo nos pone en antecedentes. En esa grabación se contestarán las cinco preguntas: un niño, en su casa, ha recibido una bicicleta de regalo por su cumpleaños.

A continuación, cambiamos de espacio y se vuelven a contestar las cinco preguntas: el niño va a montar en bicicleta por el parque. A partir de ahí, surge un pequeño «suspense»: ¿lo conseguirá?

Para acentuar esta pequeña inestabilidad, se puede crear incertidumbre preguntando a los padres de la criatura, por ejemplo, si creen o no que el niño va a conseguir montar hoy, por primera vez, en bicicleta, y que contesten mirando a cámara, como si se tratase de un documental para la televisión con declaraciones de los implicados.

Nudo

Es la parte central de la historia, donde se desarrolla la tensión. Va dirigiendo la acción hacia el desenlace.

En el ejemplo que hemos puesto anteriormente, es cuando vemos al niño intentando montar en su bicicleta nueva. La acción está clara: el niño monta en bici. Para acentuar esa emoción, podemos salpicarla de planos de la madre suplicando que no se caiga, planos del padre ayudando a su hijo a mantener el equilibrio, detalles de éste en plena concentración y esfuerzo... Todo lo que nos ayude a mantener esa pequeña tensión.

Desenlace

Es el final de la historia y el final de la acción. Por lo tanto, la acción retorna a su estado de reposo. Puede ser incluso el paso de un conflicto a otro. En el ejemplo que estábamos poniendo, es cuando termina la tarde y los padres del niño deciden que ya es suficiente por hoy. En ese momento sabremos si el niño lo ha conseguido (no se ha caído en toda la tarde) o no lo ha conseguido (no ha sido capaz de pedalear tres veces sin caerse), con la consecuente decepción de propios y extraños, y el emplazamiento a una nueva cita para que aprenda a montar, que será un nuevo conflicto.

INCLUYA EL AMBIENTE

Ya hemos dicho que la acción que se filma siempre está situada en algún lugar:

en el comedor, en el patio, en un tren, en el vestíbulo de un hotel, en la playa o donde sea.

Pero, aunque el lugar puede definirse perfectamente con un plano general, siempre es interesante incluir escenas que lo ambienten, que le den una dimensión más viva. Eso se consigue haciendo tomas de lo que rodea al tema principal y al lugar. Así, la historia que estamos contando será más expresiva.

Supongamos que el tema de una película es un día de pesca. La acción principal, entonces, está clara: pescar. Al contestar las cinco preguntas nos encontramos con un grupo de amigos, en una calita del Mediterráneo, durante las últimas vacaciones de verano, que van a pescar para relajarse y divertirse.

Para filmar este tema se pueden intercalar imágenes que ambienten la acción principal: un pez nadando plácidamente, una vista lejana del grupo a orillas del mar, planos detalle de la cesta vacía, un plano de un pez capturado...

La ambientación del tema principal es importante para crear cierta expectación (el pez nadando, los rostros de ansiedad de los pescadores), ciertos estados de ánimo (la cesta vacía creará una pequeña decepción) y cierta emoción (el pez tirando de la caña, o en el anzuelo, intentando escaparse). Cada espacio y cada acción son un mundo salpicado de pequeñas cosas y momentos que van conformando el ambiente de una película. No deje pasar la oportunidad de incluirlos para contar una historia llena de detalles. Y todo esto dará una nueva dimensión a su película.

También se nos puede ocurrir introducir unas imágenes poéticas. No se limite a

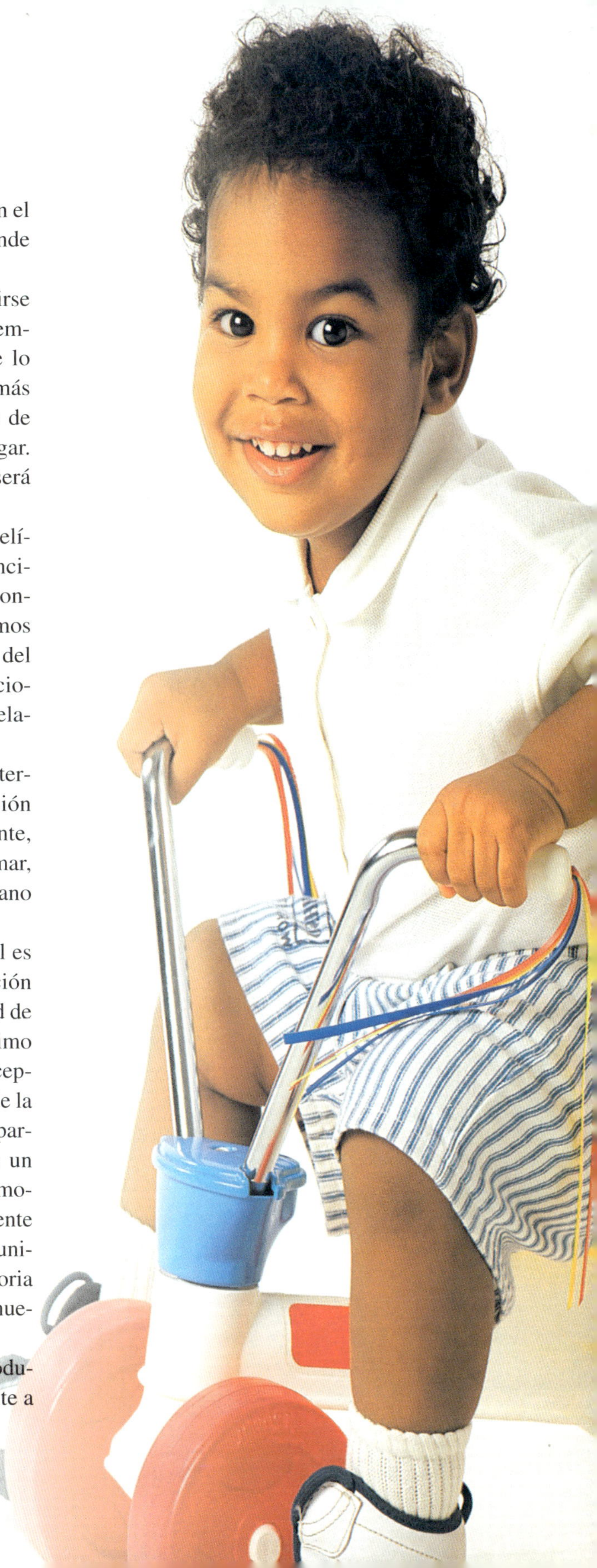

contar la historia: aderécela con todos los elementos que encuentre. Con las imágenes poéticas puede expresar un sentimiento más allá de lo que está contando. En el ejemplo del día de pesca, podemos filmar la tranquilidad del mar al atardecer, con el sol escondiéndose detrás del horizonte y la siluetas recortadas de unos bañistas a contraluz en la lejanía.

O, en otra película, puede mostrar un paisaje nevado, con las ramas de los árboles congeladas y un carámbano derritiéndose con los primeros rayos de sol que acarician una gota de agua que resbala lentamente por el hielo...

EL RITMO DE LA GRABACIÓN

Se podría definir el ritmo como la velocidad de progresión emocional. Mientras un ritmo lento sugiere dignidad, solemnidad, contemplación y emoción intensa, un ritmo rápido comunica vigor, emoción, confusión, impetuosidad...

Una grabación bien equilibrada ajusta su ritmo constantemente. Un ritmo rápido permanente es agotador, mientras que un ritmo lento mantenido puede resultar aburridísimo. Hay varios factores que influyen en el ritmo:

• *Lo que se va a contar*. No será lo mismo grabar una carrera de coches en un circuito que un recital de música clásica. Evidentemente, la propia acción de lo que se graba marcará la pauta del ritmo apropiado.

• *Los sonidos*. Los sonidos rápidos y de tono agudo proporcionan un ritmo más rápido que los sonidos lentos de tono grave.

• *La realización*. Los movimientos de cámara, la duración de la toma, el tamaño de los planos y el movimiento de los actores dentro del cuadro marcarán el ritmo. Si la cámara permanece fija todo el rato, el ritmo logrado será más lento que si se mueve frenéticamente. Lo mismo ocurre si los actores permanecen inmóviles o si se mueven dentro del cuadro. Los planos cortos y rápidos dan un ritmo más vivo que los planos generales y lentos.

La vista tolera ritmos más rápidos que el oído. Mientras que la vista puede fijar, clasificar y valorar una imagen casi inmediatamente, el oído ha de juntar sonidos consecutivos para interpretar un significado completo.

Cuando existe un ritmo visual rápido, normalmente se atiende menos al sonido que le acompaña. Y al contrario, cuando la fuerza expresiva está en el sonido, el ritmo visual debe ser más tranquilo.

Por ejemplo, en un recital de música clásica, lo importante es el sonido. Entonces el ritmo visual de la grabación debe ser lento. Incluso puede dejar la cámara grabando un plano fijo para centrarnos en la música.

LA PRIMERA TOMA

La existencia de los límites de la acción (planteamiento, nudo y desenlace), provoca que el espectador tenga la sensación de un tiempo; cualquier historia presupone que los acontecimientos se desarrollan en el tiempo. La existencia de un principio y un final claros nos ayudan a crear esa sensación de que existe un antes y un después de lo que estamos contando.

Empezar bien la película es importante para mantener la atención del espectador desde el principio. Se puede empezar de muchas maneras, y, como ya hemos visto, contestando las cinco famosas preguntas. Pero el primer plano que se ve será decisivo para el resto de la película, porque sirve para meternos de golpe en la historia o dejarnos indiferentes desde el principio.

Un truco para empezar una película es hacer una toma que abarque la idea completa que se quiere contar. Este principio se utiliza mucho en las películas profesionales. Por ejemplo, al empezar, vemos un fondo negro y las rayas de la carretera desfilando por la pantalla. Desde este momento ya sabemos que la historia que nos van a contar tiene que ver con un viaje. En caso de que no sea así, el espectador se sentirá decepcionado, estafado. Y ya deberíamos saber que aquí manda el espectador.

Por otro lado, resulta difícil sorprender cuando se ha puesto en antecedentes. Por eso a veces es mejor entrar en una escena poco a poco, para mantener cierto «suspense» y que el espectador tenga tiempo de captar la historia.

TE INTERESA...

- El ambiente es muy importante para llenar de vida sus películas.
- Las posibilidades que se le presentarán son infinitas, porque la vida está llena de poesía, esperando que usted la descubra y la inmortalice con su cámara.

Los planos generales dan un ritmo más lento a la acción.

RECUERDA...

· Hay que tener en cuenta que la primera escena de una película es como el preludio de una ópera. Por eso debe intentar dejar claro desde el principio cuál es el argumento de la película. Y, para conseguir este efecto, el primer plano que veamos deberá ser el más sugerente.

Un ejemplo que puede servir para ilustrar esto es la partida de ajedrez en el parque: empezamos por unos planos que describen la acción. El primer plano deberá tener la suficiente fuerza como para arrastrar al resto de los planos. Imagínese un rayo del atardecer reflejado en una casilla vacía. Colocamos la cámara en un plano muy cerrado, encuadrando esa parte del tablero. De pronto, una mano enérgica coloca sobre el tablero el rey negro, ocupando todo el encuadre. En el momento en que la ficha se apoya sobre el tablero, suena una nota grave y mantenida. El rey era la última ficha que quedaba por colocar. Todo está preparado. La partida va a dar comienzo.

LA ESCENA FINAL

La última escena de la película es tan importante como la primera. Y, si no, que se lo digan a los guionistas de *Casablanca*. ¿Quién no recuerda eso de «Presiento que éste va a ser el principio de una gran amistad»? Inolvidable. Hay películas que han pasado a la historia del cine por sus finales.

El epílogo

· Acabar bien una película es muy importante, porque es el momento en que la historia termina. Tómese tiempo y recréese en los finales. De esta forma dará a sus historias un aire suave para terminar.

Hemos visto que el desenlace es el momento en el que la acción desaparece y la historia termina. Es, pues, un momento que siempre está en calma, aunque sea una calma tensa. Y por eso debe aprovechar esta ocasión para tomarse todo el tiempo del mundo y recrearse en ese último plano.

Y es que se puede estropear una buena película si se termina de una manera repentina o brusca.

Si termina de repente, dará la sensación de que la escena no ha terminado, que ha quedado cortada en mitad de la cinta o que se ha acabado la batería. «Algo terrible ha ocurrido, y se ha tenido que terminar así, sin más...», pensará el espectador. Y eso no ayudará mucho a dejarles con un buen sabor de boca.

Termine siempre de contar su historia. Deje ver el desenlace a sus espectadores. Muestre cómo acaba todo y, cuando haya terminado de contarlo, tome unos cuantos planos de propina para sugerir que ha llegado el final: muestre el escenario en calma después de la acción, y haga un zoom de alejamiento o un fundido a negro sobre un paisaje tranquilo; deje que alguien se despida de la cámara, mientras se aleja por una calle; grabe una puesta de sol para sugerir que la historia termina con el día... Hay un millón de posibilidades.

TRANSICIONES

Una transición es el paso de una escena a otra. Para la continuidad de la historia debemos procurar que este paso se realice sin cambios bruscos, sobre todo cuando se graban dos escenas totalmente distintas que no tienen nada que ver.

Se pueden utilizar distintos trucos para unir dos secuencias:

• Pruebe, por ejemplo, un oscurecimiento del encuadre. Imagine que un actor avanza hacia la cámara y, con su cuerpo, tapa el objetivo. En el siguiente plano, él u otra persona, que también estará tapando el objetivo, se aleja para descubrir así una escena nueva.

• Otra forma de transición puede ser utilizar elementos de enlace, es decir, algún objeto que relacione las dos escenas por asociaciones de ideas. Por ejemplo, si vemos las ruedas de un coche girando, nos dará enseguida la idea de un viaje. Así que el siguiente plano lo podremos grabar don-

de queramos, y el espectador entenderá perfectamente que lo que ha ocurrido ha sido un desplazamiento con el coche.

• También se puede crear una transición mediante dos planos que armonicen entre sí, de tal forma que el último plano de una escena tenga que ver con el primero de la siguiente. Por ejemplo, vemos un reloj de pulsera de una joven pelirroja que está en su casa. A continuación vemos el plano del reloj de una estación de tren, dos horas y media más tarde y, debajo, a la pelirroja.

• Otra buena manera de lograr buenas transiciones es seguir la «visual del tema». Para entenderlo, bastará el siguiente ejemplo: si está filmando a un niño que mira a través de unos prismáticos, la visual del tema será una toma con el zoom «a tope» de un paisaje lejano. Esto dará la impresión de que ese paisaje lejano es lo que mira el niño, y esto servirá como punto y aparte en la historia. A partir de ese plano puede filmar cualquier cosa. El espectador lo entenderá todo.

La cámara de vídeo puede ser una forma de inmortalizar recuerdos familiares

HÁGASE UN PLAN DE RODAJE

Grabar cualquier cosa no significa filmar sin orden ni concierto. Improvisar sobre la marcha, sin saber qué se va a hacer en cada momento, puede que sirva una vez o dos, pero si lo hace siempre se le irá la película en buscar la historia, y tendrá como resultado un montón de planos deshilvanados que dirán muy poco a los espectadores. Arrepentirse, una vez que haya terminado la película, tampoco le servirá de nada.

Así que antes de empezar, piense qué va a hacer. No le supondrá ningún esfuerzo. Sólo tendrá que anotar en un papel las escenas que desea que tomen parte en la película y el orden en el que las filmará. Piense también de qué manera unirá todas estas escenas para ir dando una continuidad a su historia. Se sorprenderá cuando vea lo fácil que le resulta grabar con un plan establecido, y más aún cuando llegue a su casa y vea los resultados.

Pronto deseará hacer un plan de rodaje más completo y quizá, más adelante, llegue a hacer un guión más cerrado de lo que quiere grabar.

La manera de proceder es muy sencilla: primero se decide cuál es el contenido de la película para que se adapte al argumento. Luego se deben considerar los elementos que se incluirán en cada secuencia, así como las escenas sueltas que filmará. Si es posible, haga usted un borrador con una indicación de las técnicas a emplear.

Tener un plan de filmación no quiere decir que deba seguirlo al pie de la letra. Si ocurre algo inesperado que pudiera encajar dentro del argumento general de la película, grábelo. Pero acuérdese de anotar después lo que ha hecho. El plan de la película le será útil cuando ponga los últimos retoques.

UN PLAN DE RODAJE PARA TODO EL AÑO

En un noventa por ciento de los casos se puede asegurar que las personas que se compran una cámara lo hacen motivadas por el deseo de inmortalizar, por medio de las cintas de vídeo, los recuerdos de la vida familiar.

Una película de familia puede abarcar todas las actividades familiares, desde una fiesta de cumpleaños hasta los acontecimientos más importantes: bodas, nacimientos, bautizos, comuniones...

Sería interesante recoger en una película la vida de su familia durante el transcurso del año: los pequeños actos cotidianos, las fiestas, las meriendas en el campo, los cumpleaños, los viajes, los deportes... Los temas son ilimitados.

En esta película podría incluir también imágenes más reposadas, como un calendario, las flores de un jardín, vistas en el interior de la casa... Estas escenas secundarias dan variedad, al mismo tiempo que sugieren los cambios de tiempo y de clima y proporcionan continuidad a la historia.

Es indudable que los niños son los protagonistas absolutos de las grabaciones en vídeo. Acumulando los recuerdos, y montándolos en una cinta aparte con inteligencia, podrá verse su evolución, su crecimiento.

Los primeros días y las primeras semanas de su vida, las tomas deberán ser frecuentes pero cortas, ya que, si bien es verdad que un recién nacido cambia de aspecto rápidamente, su actitud siempre será pasiva dentro de la cuna y su interés será relativo.

Por otra parte, cuando el niño vaya creciendo y adquiriendo su propia personalidad, será interesante tener a mano la cámara para poder grabar los momentos mágicos con los que nos regale y que queramos inmortalizar: trastadas, comidas, atándose los zapatos, montando en triciclo, jugando en el jardín... La apasionante aventura del crecimiento, que podrá ver y disfrutar cuando el niño sea mayor.

Los pequeños actos cotidianos de la familia engrosan la mayor parte de las grabaciones domésticas.

Capítulo 7

Trucos y técnicas especiales

Hasta ahora hemos visto cómo manejar la cámara, cómo hacer los planos, cómo dar movimiento a la película, cómo iluminar y cómo realizar como un profesional.

A partir de ahora, y para terminar, vamos a ver unos cuantos trucos para dejar a sus amigos con la boca abierta. Estos trucos le servirán para divertirse filmando y para rematar sus películas pasándoselo bien.

FUNDIDOS DE APERTURA Y DE CIERRE

El fundido de cierre, o fundido a negro, es un efecto de puntuación parecido al punto y aparte del lenguaje escrito. La imagen se oscurece poco a poco hasta quedar totalmente en negro. En sonido, un fundido de cierre es una caída paulatina del nivel.

En vídeo, el fundido se realiza para marcar una separación de una secuencia con la que sigue, y un cambio de tiempo y lugar.

La mayoría de las cámaras permiten realizar fundidos de cierre pulsando el *fader*, un sistema automático preparado para ello. También se pueden realizar manualmente, cerrando el diafragma del objetivo hasta que no deje pasar la luz.

El fundido de apertura es un efecto de transición utilizado para abrir una escena o una secuencia. Se emplea a continuación de un fundido de cierre para acentuar un cambio de tiempo o lugar, y consiste en una aparición gradual de una imagen que viene desde el negro.

La forma de hacer fundidos de apertura es muy sencilla.

• Primero se busca el encuadre y se deja la cámara perfectamente colocada, sobre un trípode o cualquier otra superficie estable.

• Seguidamente se acciona el *fader*, o se cerrará totalmente el diafragma.

• Entonces se pulsa el disparador de grabación, y se suelta el *fader* (o se abre el diafragma). La cámara, poco a poco, irá mostrando la imagen que grabamos.

En caso de disponer de un equipo de edición de películas de vídeo, conviene realizar las operaciones de fundido de apertura y de cierre durante el montaje.

TOMAS ESPECIALES (ANIMACIONES)

Las cámaras de vídeo llevan un temporizador automático que permite grabar secuencias de imágenes separadas. Gracias a este sistema, la cámara dispara de modo automático cada cierto tiempo, según se programe. Esto permite crear animaciones que pueden ser muy divertidas, tanto para grabarlas como para mostrarlas. Lo único que requiere es tener mucha paciencia, y cierta habilidad a la hora de desplazar los objetos entre toma y toma.

De esta forma podemos hacer bailar un surtido de galletas, hacer andar un muñeco de plástico o conseguir que la mesa del salón se ponga sola, haciendo desfilar los platos, los cubiertos y los vasos por encima de ella.

• Lo primero que tenemos que hacer es decirle a la cámara cada cuánto tiempo tiene que disparar. Como vamos a hacer una animación sencillita, podemos indicar, por ejemplo, que se dispare un fotograma cada 15 segundos.

• Después cogemos una moneda y la colocamos encima de la mesa.

• Iluminamos la moneda de tal manera que nos guste lo que vemos, con cualquier fuente que tengamos a mano, y nos ponemos a grabar.

• A partir de ese momento, tenemos 15 segundos para ir desplazando ligeramente la moneda por encima de la mesa.

La mayor dificultad que tiene es que no puede «pillarnos» el disparo con las manos en la masa. En ese caso saldría

Apariciones

Jugando con el truco de cambio repentino se puede hacer aparecer o desaparecer a los personajes de la pantalla.

nuestra mano en cuadro y no quedaría bien.

Inténtelo varias veces, hasta que le salga todo lo bien que le gustaría. Y vaya probando con objetos más complicados, hasta llegar a mover un muñeco o una marioneta. En los casos más complicados puede darle más tiempo al temporizador. Y estamos seguros de que, con paciencia, pasará momentos muy agradables grabando imágenes animadas.

Las animaciones se realizan con un temporizador automático

En este tipo de películas, el operador lo puede controlar todo: la actuación y los movimientos de los personajes, la velocidad de la acción... Todo depende de las buenas manos del operador. ¿Se atreverá con una animación de estas características?

Otra posibilidad que permite las tomas espaciadas es la grabación de fenómenos continuos pero imperceptibles, es decir, el movimiento de las nubes, el nacimiento de una planta... Esto le permitirá estudiar el desarrollo de los movimientos y podrá crear un archivo de curiosidades.

Además, esta posibilidad no lleva excesivo trabajo. Basta con colocar la cámara en un trípode, buscar un buen plano donde se vea la multitud debajo de nosotros o el tráfico de la ciudad, y colocar el temporizador en un disparo cada 2 segundos. Luego podemos ir a tomarnos un café y, al volver, tendremos una película deliciosa de la evolución de la masa hormigueante correteando frenéticamente por la ciudad.

Este tipo de juegos deben suministrarse en pequeñas dosis, porque es un efecto que puede llegar a cansar al espectador. Pero el resultado es sorprendente.

En esta línea se pueden grabar secuencias a gran velocidad: un desayuno familiar, un joven trabajando con el ordenador... Cualquier cosa que su imaginación le sugiera.

Por supuesto, para practicar este truco se necesita siempre un trípode y emplazarlo en un lugar poco frecuentado, para que nadie golpee accidentalmente la cámara y dé al traste con nuestro experimento. En caso de no disponer de un trípode, se puede buscar una superficie plana donde colocar la cámara, pero en este caso el resultado no será el mismo. Si, a pesar de todo, quiere intentarlo, lo más importante es no mover en absoluto la cámara durante el tiempo que dure la grabación.

CAMBIO REPENTINO (APARICIONES)

Hay un viejo truco, tan antiguo como la historia del cine, con el que todavía puede sorprender a sus amigos. Se trata de hacer aparecer y desaparecer objetos y personas en la pantalla. ¿Se imagina que, de repente, desaparece un niño del encuadre?

La cosa es muy sencilla. Basta con anclar perfectamente la cámara en un trípode y filmar una escena en la que aparece un niño comiendo un helado. En mitad de la toma, se detiene la grabación y sacamos al niño del cuadro, sin mover la cámara de su sitio. Cuando el niño se haya ido, seguimos grabando, como si nada, el espacio vacío que ha dejado. El efecto, al ver estas imágenes, es que el niño desaparece bruscamente.

También se puede hacer el efecto contrario. Puede grabar, por ejemplo, un acuario vacío o un vaso de agua. Detiene la grabación, introduce un pececillo dentro del agua y, sin mover la cámara, vuelve a grabar. Cuando vea la cinta, podrá admirar el resultado: el pez aparece de golpe.

Este efecto se puede repetir varias veces, consiguiendo efectos mucho más sorprendentes. Por ejemplo, hacemos la toma de un coche con una puerta abierta. Le pedimos a todos los amigos que entren y que,

TE INTERESA...

Con la cámara inclinada daremos la impresión de que el sujeto baja una cuesta.

cuando salgan del coche, saluden a la cámara y salgan de cuadro. Pero sólo grabaremos, con la cámara fija en el trípode, el momento en que salen del coche, saludan y salen de cuadro. El efecto será que nunca dejan de salir personas del coche que saludan a la cámara. Para que este efecto sea más eficaz, debe tomar un plano en el que se vean todas las puertas del coche, para que nadie pueda pensar que los amigos entran por algún sitio que no vemos.

También puede grabar a una persona andando por un parque. De repente desaparece detrás de un árbol, y, al salir de nuevo, se ha transformado en otra persona diferente. Pero esta vez le propongo que sea usted quien encuentre cómo hacerlo.

TOMAS INCLINADAS

Otro truco sorprendente, pero muy eficaz, consiste en grabar una escena con la cámara inclinada hacia un lado. Cuando se coloca la cámara con un ángulo de 90º, una carretera llana se convertirá en una pared. Lo mismo ocurre con cualquier superficie plana y horizontal por la que una persona pueda andar: puentes, cornisas, salientes... De esta forma, podrá mostrar coches ascendiendo y gente trepando paredes verticales casi sin pestañear.

Si en vez de colocar la cámara a 90° grados la inclinamos a 45°, conseguiríamos una pendiente de la misma inclinación.

Titulación

El título de la película debe ser breve y conciso, y debe situarse conforme a las normas de composición para no estropear la imagen y que le sirva de complemento.

Lo que hace falta es la colaboración de alguno de los actores, para que ayude con su interpretación a conseguir el efecto. Si se decide por la idea de las paredes verticales, el actor en cuestión deberá gatear, poner cara de esfuerzo y jugar a trepar de verdad por la pared.

Bastará con poner cuidado en los fondos, puesto que los árboles, los edificios, las señales de tráfico y otros objetos que se alcen en vertical desde el suelo desvelarían el secreto. Por eso mismo, y para que la escena parezca real, deberán evitarse.

El fondo más apropiado para estas escenas es el cielo despejado o totalmente nublado (las nubes también pueden desvelar el truco).

TITULACIÓN

El título dará a sus películas el toque profesional definitivo. No podemos imaginarnos un libro sin un título. Por eso, debe empezar a plantearse poner títulos a sus películas.

Cualidades de un buen título:

• En primer lugar, el equilibrio, esto es, que tanto los caracteres como el grosor hayan sido elegidos en función del texto y ordenados de acuerdo con las normas de composición.

• Después, la precisión de su ejecución. No se tolera fácilmente un título mal encuadrado, desenfocado o que no se pueda leer bien.

• Además, su redacción será lo más concisa posible: el texto será breve y sin literatura inútil.

• Y, sin intención de herir susceptibilidades, vale más consultar a tiempo un diccionario que cometer una falta de ortografía en un título. En un escrito se puede corregir de una forma o de otra, pero un error de este tipo en una película es una «mancha» visual incorregible que dirá muy poco a favor del autor.

CÓMO GRABAR UN TÍTULO

Hay mil maneras de grabar un título, puesto que admite toda clase de trucos.

La manera más sencilla es preparar lo que podríamos llamar un «cartón». Este

cartón consiste en un fondo negro sobre el que se dibujarán las letras del título.

Está comprobado que las letras blancas sobre fondo negro son más cómodas de leer. La informática, hoy por hoy, hace milagros; sin embargo, en caso de no tener ordenador, podemos acudir a cualquier centro especializado en impresiones para diseñar e imprimir allí mismo nuestros títulos.

Hay que hacer esta impresión en el centro del cartón, dejando a los lados los prudenciales márgenes de seguridad para que las letras no muerdan los bordes del encuadre.

A continuación se fijan los cartones a la pared. Con la cámara dispuesta sobre un trípode, se controla perfectamente el encuadre, la iluminación uniforme, los ajustes de la cámara y el enfoque. Una vez comprobado todo esto, se graba.

La duración no debe ser ni demasiado corta ni demasiado larga. Esto es, la duración será la que se necesita para leer el título tranquilamente durante un par de veces. Hay que tener en cuenta que unos espectadores leerán más rápido que otros.

Puede dibujar sus títulos con una tiza sobre una calzada o una pizarra, o con un rotulador en un papel. O puede empañar una ventana y escribirlos allí. También puede recortar letras del periódico y hacer una animación sobre una fotografía de algún personaje de la película o de un paisaje, de tal forma que las letras se vayan ordenando para componer el título.

Poco a poco podrá ir haciendo títulos más originales. Ya conoce los trucos y las técnicas; ahora sólo tiene que utilizar su imaginación para conseguir dejar a sus amigos con la boca abierta desde el momento en que el título aparece en pantalla.

IMAGINACIÓN

La clase de película que haga dependerá de su imaginación. Dos personas filmando el mismo tema nunca realizarán la misma película. Y, como no conviene copiar a los demás, aunque aprenda mucho de lo que vea, no le queda más remedio que empezar a mirar las cosas por sí mismo.

Cuando lo consiga, trate de reflejar en sus grabaciones su visión personal de lo que ocurre. Y, sobre todo, use siempre la imaginación para planificar, para buscar planos arriesgados, divertidos, curiosos. Busque el mejor punto de vista para su cámara.

En este libro le hemos mostrado un montón de técnicas para hacer películas como un profesional. Algunos de estos trucos son esenciales; otros son útiles para dar variedad a las películas, y otros son simplemente divertidos. El resultado de su utilización dependerá siempre del momento en que los utilice, porque no siempre se pueden utilizar todas las técnicas.

Hágase con una cinta de trabajo, una que sólo vea usted, que no enseñe a nadie. Practique con ella en su casa los trucos que le hemos propuesto, y juegue con la cámara, invente, muévala, pruebe, desenfoque, sature, ilumine con un flexo, investigue...

¡ÉCHELE IMAGINACIÓN!

Es el mejor truco para filmar como un profesional.